SOCIÉTÉS

De l'animal à l'homme

“ CONVERSCIENCES ”

Collection dirigée par Philippe BRENOT

À l'aube du troisième millénaire, le champ scientifique éclate, les disciplines en mutation s'interpénètrent, convergence d'attitude pour le décloisonnement des connaissances. “ CONVERSCIENCES ” se veut carrefour de réflexion dans, sur et au-delà de la science, lieu d'élaboration pluri- et trans-disciplinaire. “ CONVERSCIENCES ” accueille ainsi des ouvrages de synthèse multi-auteurs (*la Mémoire,* tomes I et II), des actes de réunions à thème (*les Origines, Langages, Sociétés*), ainsi que des essais transdisciplinaires. Au-delà du clivage des disciplines et de la dichotomie sciences exactes-sciences humaines, “ CONVERSCIENCES ” crée un espace d'interaction pour que conversent les sciences en conversion.

1. **Les Origines** (dir. Ph. BRENOT), avec Y. COPPENS, E. DE GROLIER, Y. PÉLICIER, H. REEVES, J. REISSE.
2. **Langages** (dir. Ph. BRENOT), avec J. COSNIER, B. CYRULNIK, M. GROSS, A.-M. HOUDEBINE, M. DE CECCATTY.
3. **Sociétés** (dir. Ph. BRENOT), avec G. BALANDIER, R. CHAUVIN, Y. COPPENS, M. CROZIER, E. MORIN (à paraître, 1990).
4. **La Mémoire,** tome I : “ Mémoire et Cerveau ”.
5. **La Mémoire,** tome II : “ Le concept de mémoire ”.
6. **La Lecture,** tome I : “ De la neurobiologie à la pédagogie ” (dir. N. ZAVIALOFF).
7. **La Lecture,** tome II : “ Psychologie et neuropsychologie ” (dir. N. ZAVIALOFF).
8. **La Lecture,** tome III : “ Le sens et l'émotion ” (dir. N. ZAVIALOFF).
9. **Le Tétraèdre épistémologique,** Michel PATY (à paraître 1990).

Philippe BRENOT, c/o L'HARMATTAN
5-7, rue de l'École-Polytechnique
75005 PARIS

Maquette de couverture réalisée par Éric MARTIN

Sous la direction de Philippe Brenot

SOCIÉTÉS

De l'animal à l'homme

Georges Balandier, Rémy Chauvin
Yves Coppens, Michel Crozier
Edgar Morin

Éditions L'Harmattan
5-7 rue de l'École-Polytechnique
75005 Paris

AVERTISSEMENT AU LECTEUR

Les textes qui composent ce recueil sont de deux ordres : les premiers (Georges BALANDIER, Rémy CHAUVIN, Yves COPPENS, Michel CROZIER, Edgar MORIN) sont des textes d'interventions orales, lissés et retravaillés par leur auteur ; les seconds, à savoir les discussions, sont la transcription graphique des points forts du colloque " SOCIÉTÉS " et n'engagent en cela aucunement la responsabilité de chacun des intervenants.

Je veux tout particulièrement remercier ici les membres du Comité d'Organisation du colloque " SOCIÉTÉS " et le Bureau de la Société Internationale d'Écologie Humaine (SIEH, BP 33-33019 Bordeaux Cedex) sans qui cette réunion n'aurait pu avoir lieu, ainsi que Dominique BESSIÈRES pour sa collaboration technique à la réalisation de ce volume.

P.B.

ISBN : 2-7384-0731-5

SOCIÉTÉS

Troisième rencontre d'exception que ces Quatrièmes Journées Internationales d'Écologie Humaine qui ont réuni sept cents auditeurs les 2, 3 et 4 décembre 1988 à Bordeaux autour de Rémy CHAUVIN, Yves COPPENS, Georges BALANDIER et Michel CROZIER. Edgar MORIN avait ouvert cette réflexion sur la relativité du concept de société, articulé autour de la notion de complexité.

Prenant ses fondements dans la démarche anthropologique et en écologie fondamentale, l'Écologie Humaine privilégie l'approche pluridisciplinaire pour comprendre l'homme et les systèmes humains, mais aussi pour préciser la place de l'homme dans la nature, son action et son intégration dans cette même nature et dans le milieu social qui est le sien. Sociétés, *comme* les Origines *et* Langages, *sont les grands questionnements de l'homme d'aujourd'hui auxquels de telles confrontations transdisciplinaires tentent de répondre, en évitant en cela l'écueil du cloisonnement des disciplines.*

Pour permettre ces riches débats devant un très large public, la Société Internationale d'Écologie Humaine a bénéficié du soutien de la municipalité de Bordeaux et du haut patronage de son maire, Monsieur Jacques CHABAN-DELMAS, *ainsi que de celui du Certificat International d'Écologie Humaine et de l'université de Bordeaux I. Qu'ils trouvent ici, ainsi que tous les auditeurs de* Sociétés, *nos remerciements les plus sincères pour que se poursuive la réflexion en Écologie Humaine.*

Docteur Philippe BRENOT
Président de la S.I.E.H.

PRÉSENTATION DU THÈME

Avec les *Origines*[1], nous avions laissé le petit homme qui venait d'émerger de la bouche d'Yves COPPENS dans les balbutiements de son proto-langage dont nous parlait Éric DE GROLIER. *Langages*[2] a, je l'espère, quelque peu clarifié nos interrogations sur la communication et sur le langage humain. Se pose alors la spécificité du social. L'homme n'est-il, comme l'affirme Eugène DELACROIX dans son journal, qu' un " animal sociable qui déteste ses semblables " ?, et la société est-elle une condition profondément humaine ? Les biologistes, et au premier rang les entomologistes, nous détrompent avec les modèles de sociétés animales qui sont aujourd'hui mieux connus. Karl Von FRISCH nous a ramené de son voyage chez les abeilles, la notion d'un monde complexe, d'organisation et de communication strictement innées, et Konrad LORENZ nous a magistralement montré le déterminisme plastique de l'oie cendrée.

Au plan de la biologie des comportements, on a ainsi parlé d'une sociologie animale, à tort pour certains sociologues,

---

1. *Les Origines* (sous la dir. de Philippe BRENOT) avec Y. COPPENS, E. DE GROLIER, Y. PELICIER, H. REEVES, J. REISSE, L'Harmattan éd., 1988.

2. *Langages* (sous la dir. de Philippe BRENOT) avec J. COSNIER, B. CYRULNIK, M. GROSS, A.M. HOUDEBINE, M. DE CECCATTY, L'Harmattan éd., 1989.

procédant tout naturellement d'une psychologie, ou plutôt d'une psychosociologie, animale dont l'objectif très avoué est en fait l'animal humain en tant qu'animal social. Des biocénoses opportunistes, rassemblements animaux autour d'une source de subsistance, et de la foule des papillons et insectes nocturnes attirés par une source lumineuse au groupe social vrai, il existe une profonde distinction qui fait parler dans le groupe social d'attraction réciproque et d'interaction. Pierre Paul GRASSÉ définira ainsi le phénomène social comme un système d'échange de stimulations. Des insectes aux mammifères, toutes ces structures sociales semblent y répondre. Du contact antennaire à la poignée de main, du nettoyage du pelage au grooming des primates, du bouche à bouche des fourmis à la becquée et à la cuillerée, sont échangées des stimulations tactiles, sonores, visuelles, olfactives... entre les individus du groupe. Cet échange fondamental organise des relations hiérarchisées entre les membres du groupe que l'on qualifie alors de social.

La diversité et la complexité organisationnelle des Sociétés animales, qui nous sont aujourd'hui mieux connues, ont fait se reposer la question de la spécificité du social humain et de son fonctionnement, en rupture avec la vision biologique qui ne ferait de l'homme qu'un animal social comme les autres. Quelques spécificités semblent tout de même apparaître avec l'hominisation : le partage alimentaire, pratiquement inexistant chez les primates, la reconnaissance de la paternité, le couple parental, et enfin le langage et sa puissance sémiotique.

L'évolution sociale de l'homme peut alors se faire dans la grande richesse de sa diversité historique et populationnelle qu'analysent les écoles sociologiques depuis un siècle seulement. De la pensée d'Emile DURKHEIM créant la première chaire de " Pédagogie et Sciences Sociales ", en 1887 à Bordeaux, à Claude LÉVI-STRAUSS, au structuralisme et aux écoles actuelles, on peut observer, dans la démarche d'explication sociale, un constant balancement entre l'individu et le groupe, ou le groupe en tant qu'individu. Jusque dans les années 80, se posait la question de l'existence ou non d'un acteur social, les courants structuralistes, et notamment en ethnologie, tendant plutôt à éliminer l'acteur. Il semble aujourd'hui que réapparaisse l'individu-acteur. En psychologie et en philosophie, on parlera du sujet et de son calcul conscient. Existe-t-il une sociologie de l'utilitarisme comme l'évoquent Pierre BOURDIEU ou Raymond BOUDON ? Ou bien encore une sociologie du sens et du symbole dans laquelle les valeurs et la culture expliquent la société ? Les écoles anthropologiques vont plutôt dans ce dernier sens.

Alors qu'en est-il du modèle humain et du modèle animal ? et l'un n'est-il pas là uniquement pour nous permettre de comprendre l'autre ? Le jeu du contraste est ici assurément très riche. La sociologie et l'anthropologie cherchent à saisir les conditions de la rupture, tandis que la biologie et l'éthologie tentent une vision unitaire à visée purement humaine qui doit en cela se défier d'un anthropomorphisme que nous impose notre psychisme dominateur. Rappelons-nous, au début de ce siècle, cette pensée de Maurice MAETERLINCK dans la *La vie des fourmis* :

> " La fourmi est un être profondément mystique qui n'existe que pour son Dieu et n'imagine pas qu'il puisse y avoir d'autre bonheur, d'autre raison de vivre que de le servir, de s'oublier, de se perdre en lui ".

Si l'homme a des racines animales, s'il est un être profondément organisé dans ses aptitudes par un déterminisme biologique très plastique, il est aussi formidablement modelé par l'apprentissage infantile, familial et social, et son monde n'est alors que le reflet de son vécu et de sa culture. La biologie peut nous en apprendre le substrat commun à tous les modes de fonctionnement sociaux, l'anthropologie les originalités de l'homme, et la sociologie l'analyse des systèmes humains.

L'étape pré-humaine n'est-elle qu'une transition en douceur ou déjà une rupture avec le monde primate ? Et les sociétés traditionnelles sont-elles une étape vers les sociétés actuelles ou bien déjà fondatrices de nos structures modernes ? Ces notions de continuité et de rupture, d'ordre et de désordre, sont constamment présentes dans cette évolution qui mène à la complexité sociale pluridéterminée que nous connaissons.

Au-delà de l'analyse, l'homme tente aujourd'hui de changer la société par une action concertée sur les rouages économiques qu'il a appris à connaître et sur les structures législatives qu'il a mises en place pour se substituer à la règle naturelle. Où va donc la société humaine ? Dans le sens de l'homme, serais-je tenté de répondre ! Dans le sens de l'artifice, créé de sa propre main, d'un monde structuré et organisé par lui et à son image. Gardons-nous alors de faire de notre planète un super-système à l'instar et sur le modèle de notre cerveau mégalomane qui tente, souvent avec succès, de nous réduire au rang de ses neurones-vassaux, répliquant en celà le modèle de Wheeler (1911), de la société comme super-organisme, niant ainsi l'accès à une conscience individuelle.

Philippe BRENOT

LE CONCEPT DE SOCIÉTÉ

Edgar Morin
Directeur de Recherche au C.N.R.S.

Le mot de *société* est un des mots les plus employés et en même temps l'un des moins conceptualisés et je suis très honoré que vous ayez pensé à moi, non pour résoudre le problème conceptuel que pose ce mot, mais pour essayer d'ouvrir une discussion autour de ce thème.

Il nous faut tout d'abord penser que jusqu'au début des années soixante, la société semblait un phénomène strictement et uniquement humain hormis les sociétés de fourmis, de termites et d'abeilles, qui semblaient d'étranges ou monstrueuses exceptions et qui, avant Rémy CHAUVIN, notamment en ce qui concerne les fourmis, semblaient obéir à une sorte d'ordre robotique implacable. En ce qui concerne les poissons, les oiseaux, les mammifères, on parlait de bancs, on parlait de troupeaux, on parlait de hordes, c'est-à-dire d'agrégats inorganisés. Ce sont les progrès de l'éthologie, science des comportements animaux, qui ont permis de percevoir que ce que l'on appelait troupeaux, hordes, constituait des associations complexes de caractère organisationnel et que, notamment chez les oiseaux et les mammifères, le phénomène social était extrêmement répandu. On peut presque dire que le phénomène social semble plutôt la règle, et non plus, comme on le pensait, l'exception.

D'autre part, on a révisé profondément nos conceptions sur les sociétés d'insectes, notamment de fourmis. Enfin il s'est passé un phénomène très important en ce qui concerne la distance qui sépare les sociétés de primates supérieurs des sociétés humaines, dans le sens qu'une meilleure connaissance de la vie des primates supérieurs, et notamment des chimpanzés, permet de les rapprocher de nous et que la préhistoire nous permet de plonger dans le passé humain plus près d'eux. Il semble désormais évident que la société humaine ne s'est pas créée ex nihilo à partir d'une horde agrégative, comme d'éminents penseurs de ce siècle le croyaient encore, FREUD imaginant un meurtre du père pour que naisse la loi et l'ordre, ou LEVI-STRAUSS pensant que la prohibition de l'inceste surgissant brusquement dans l'univers inorganisé des hominiens faisait surgir la société humaine de pied en cap. Elle descend plutôt de l'évolution d'une société primatique qui s'est métamorphosée et complexifiée — c'est là tout le processus de l'hominisation dont parlera Monsieur COPPENS — et il nous suffit en somme d'élargir le principe darwinien d'évolution, que nous restreignions à l'anatomie, pour le faire concerner aussi le comportement, l'affectivité et évidemment la société. Il y a donc des évolutions sociétales dans le cadre des grandes évolutions biologiques. Ceci nous amène à inscrire la société humaine comme un cas remarquable, mais particulier, d'une sociologie généralisée qui n'est pas limitée à l'homme et d'une sociologie évolutive qui nous permet de relier les sociétés humaines à celles qui les ont précédées. La conception que je vous propose est une conception qui enracine la société humaine dans des cadres où s'inscrit tout phénomène social. Ce n'est pas du tout une réduction de la société humaine à la société animale, mon projet n'étant pas de faire comme certains sociobiologistes qui pensent pouvoir expliquer et ramener tous les traits propres aux sociétés humaines aux traits fondamentaux des sociétés animales, comme celles des insectes. C'est un développement original et révolutionnant, et pour inscrire la société humaine dans ce monde naturel, il nous faut à la fois ouvrir notre concept de vie et notre concept de société, c'est-à-dire les féconder l'un par l'autre.

Dans un premier temps, au XIXe siècle, régnait une conception dite *organiciste* qui essayait de concevoir la société humaine comme une sorte d'organisme, à l'image de l'organisme animal. C'est du reste une vieille idée ; il y a l'apologue fameux de Menenius Agrippa, à Rome, où les organes sociaux sont identifiés aux organes du corps humain (la tête : le gouvernement, etc.).

Par ailleurs, depuis ce que l'on appelle la *révolution biologique* qui a suivi la découverte du code génétique par Watson et Crick, on commence à comprendre l'organisation vivante, y compris celle des unicellulaires comme les bactéries, en utilisant des notions issues de l'expérience des sociétés humaines. En effet, on pense qu'il y a un code génétique (l'ADN contient de l'information), que cette information est communiquée aux molécules de la cellule via un messager qu'on appelle l'ARN (c'est la découverte de Monod et Jacob). Le mot de *code* lui-même est issu de notre expérience sociale, on parle de programme, on parle d'inhibition, on parle de répression et, en même temps que la chimie, la physique et la thermodynamique s'introduisaient dans la vie par le bas pour la comprendre, la complexité communicationnelle et organisationnelle de la société humaine s'introduisait par le haut, à l'intérieur même de la bactérie et, bien entendu, dans les organismes vivants.

Un organisme peut être conçu sur un modèle sociétal, autant que la société peut se concevoir sur le modèle de l'organisme : un organisme est une société de cellules, différenciées en fonction de la division et de la spécialisation du travail. Ce sont des individualités qui sont semblables, qui ont quelque chose d'identitaire commun, et qui en même temps sont différentes. Elles participent donc à l'identité commune comme les individus dans toute société. Elles effectuent des processus d'information et d'échanges entre elles et vivent en renouvelant leurs cellules sénescentes ou moribondes qu'elle remplacent par des cellules nouvelles, comme une société renouvelle ses individus vivants. Entre ces différentes cellules circulent non seulement le langage génétique mais un langage chimique, un langage hormonal...

On arrive ainsi au renversement de l'analogie classique où l'on concevait la société sur l'image de l'organisme. Aujourd'hui, on comprend mieux l'organisme en utilisant l'image de la société, c'est-à-dire que, finalement, il faut nous rendre compte que les deux notions ne peuvent être ramenées l'une à l'autre mais qu'elles peuvent s'entre-éclairer l'une l'autre, parce que l'une et l'autre renvoient à une sorte de modèle organisationnel, le modèle du vivant, qui les fonde l'une et l'autre. C'est en quelque sorte ce que j'appelle *l'auto-éco-organisation,* c'est-à-dire une conception complexe d'une organisation qui se fait par elle-même avec l'aide de son environnement. C'est dans cette conception qu'il faut chercher le tronc commun.

Voyons maintenant la question de l'originalité du phénomène social. Tout d'abord, une société regroupe des êtres de même espèce. Ceci n'est pas une originalité très frappante, mais je le mentionne ici parce que l'utilité heuristique du concept de société est telle qu'il y a aujourd'hui des laboratoires de sociologie végétale. Pourquoi utilise-t-on ce terme de sociologie végétale ? C'est que dans un milieu végétal comme une prairie, où des plantes de types extrêmement divers sont en rapport et en interaction les unes avec les autres, il se crée des rapports de coopération, des rapports d'antagonisme. En pensant à l'évocation du Docteur BRENOT des êtres humains qui se détestent les uns les autres, on peut dire que le radis par exemple est particulièrement hargneux car ses racines sécrètent une substance qui rend impossible la vie dans son voisinage. Il y a donc, dans un milieu végétal, des rapports, des tensions, des conflits, des coopérations, comme dans une société, mais il est évident que dans ce cadre-là, la sociologie végétale est une métaphore. Une société est donc constituée d'individus de même espèce, mais il faut que ses individus soient beaucoup plus complexes que des cellules et qu'ils aient au moins deux caractères complexifiés. Le premier est celui de la reproduction sexuelle qui est un phénomène complexe par rapport à la pure et simple réplication. Les interactions entre mâles et femelles créent une des composantes fondamentales des sociétés animales, y compris humaines. Le second caractère est l'autonomie relative du comportement dans un espace. La cellule d'un organisme est confinée à l'intérieur de ses frontières, mais les êtres d'une société sont mobiles, dotés de locomotion, que ce soit pédestre, que ce soit par ailes ou que ce soit par nageoires. S'il y a une telle autonomie de comportement, c'est que l'organe maître du comportement, le système neurocérébral, s'est développé de façon assez puissante. Si les insectes n'ont pas véritablement de cerveau, ils disposent d'un complexe ganglionnaire quasi-cérébral, et, de toute façon, les insectes sociaux ont un système neurologique extrêmement développé. En ce qui concerne les vertébrés, le cerveau qui va se développer au cours de l'évolution. Autrement dit, les sociétés supposent des individus assez complexes pour pouvoir communiquer de façon complexe, se mouvoir, et se comporter de façon complexe. C'est ici qu'apparaît un des problèmes soulevés dans l'introduction du Docteur BRENOT : le problème de la relation individu-société. On se rend compte que sans des individus assez complexes il n'y a pas de société possible et ce sont les interactions entre ces individus qui produisent un tout qui est la société. Mais, de même que dans une boucle récursive (les produits et les effets sont eux-mêmes producteurs et causateurs), cette société rétroagit sur les individus et il se crée en quelque sorte un ensemble où les individus produisent la société qui elle-même contribue à la production des dits individus, ce que nous verrons très fortement en ce qui concerne les sociétés humaines.

Nous pouvons donc dépasser l'alternative dans laquelle nous avons d'un côté une vision qui dissout la société et où il ne reste que les individus, de l'autre une vision transcendante de la société comme c'était le cas chez DURKHEIM, où la société est en quelque sorte un type de réalité bien supérieur à celui des individus. Une conception complexe conçoit et intègre bi-polairement l'un et l'autre.

J'ai dit que les principes organisationnels sont ceux de *l'auto-éco-organisation,* qui à mon sens sont les principes de toute organisation vivante. Une auto-éco-organisation produit son autonomie, mais cette autonomie se paye par une dépendance. L'organisme vivant travaille pour vivre, donc dégrade son énergie et doit trouver de l'énergie fraîche dans son environnement. De plus, comme disait Schrödinger, l'animal ne puise pas seulement de l'énergie dans le milieu, il puise aussi de l'ordre. C'est-à-dire que l'ordre cosmique, l'ordre du milieu extérieur, est profondément intégré dans l'organisation sociale. Plus le vivant est complexe, plus son autonomie dépend de son environnement. Il en est de même pour les sociétés. Ainsi dans le passage des sociétés de chasseurs-ramasseurs aux sociétés agricoles et urbaines, celles-ci sont devenues beaucoup plus autonomes mais beaucoup plus dépendantes puisque dépendantes des aléas de l'agriculture et du climat, alors que les petites sociétés de chasseurs-ramasseurs pouvaient changer facilement de milieu si elles rencontraient des difficultés de ravitaillement.

Donc voici le principe même de toute organisation vivante et sociale ; ce qui différencie la société des autres organisations vivantes, ce n'est ni la communication, ni l'information, ni la division du travail, mais la complexité des individus qui forment la société, leur mobilité, l'autonomie relative de leurs comportements.

C'est ici qu'il faut en venir à ce problème fondamental de la complexité de l'organisation vivante. Von Neumann, le premier, a établi une différence clé entre ce qu'il appelait la machine artificielle (celle que nous fabriquons et dont l'ordinateur est une des plus raffinées) et la machine vivante, la machine naturelle. Il remarquait que nous fabriquons une machine artificielle en usinant les pièces les plus fiables possibles, les mieux adaptées à leur fonction, mais que cette machine artificielle, dès qu'elle se met en marche, va commencer son processus de dégradation. Par contre, la machine vivante est constituée d'éléments dont certains sont très peu fiables, se dégradent tout de suite (les protéines), mais pourtant, une fois qu'elle commence à exister, cette machine est beaucoup plus fiable que la machine artificielle et est même capable de se développer pendant un certain temps avant de connaître la maturité, la sénescence et la mort.

Pourquoi cette différence ? Parce que la machine artificielle se bloque dès que surgit un désordre, dès que surgit un aléa, alors que la machine vivante est capable de tolérer du désordre. Et pas seulement de le tolérer, mais de l'utiliser. Ainsi, le désordre qui est constitué par la dégradation et la mort des cellules est utilisé par un organisme pour se rajeunir par les nouvelles cellules. Une maladie surmontée va donner une immunité à l'organisme vivant alors qu'une machine lésée n'acquerra qu'un endommagement. La machine vivante peut tirer une expérience d'un désordre, et c'est ce qui permet l'apprentissage.

La complexité des êtres vivants se marque par une autre différence par rapport aux machines artificielles : celles-ci ne peuvent être que programmées (c'est-à-dire exécuter des séquences d'opérations fixées a priori *ne varietur*) alors que les êtres vivants disposent de stratégies, c'est-à-dire de scénarios d'actions et de capacités à modifier le cheminement de l'action en fonction des aléas rencontrés, en fonction des désordres, et éventuellement en étant capables d'utiliser l'aléa. Nous voyons donc que la complexité est le propre de l'organisation vivante.

Or, je dirai que les sociétés sont encore plus capables de tolérer du désordre et de se nourrir de désordre que les organismes vivants. Si notre organisme connaît par exemple une rébellion cellulaire, qu'un certain nombre de celles-ci se rajeunissent et commencent, toutes joyeuses, à se multiplier dans la liberté, eh bien ceci causera la mort de notre organisme par cancer. Il ne pourra pas profiter de ce rajeunissement alors que, dans une société, des phénomènes qui peuvent survenir et perturber la société peuvent être réutilisés par celle-ci pour l'amener à se développer sur un mode nouveau. Ce qui est remarquable c'est que ce que j'appelle *dialogique*, c'est-à-dire à la fois coopération et antagonisme entre l'ordre, le désordre et l'organisation, ce trait-là est un trait constitutif des sociétés, y compris ces sociétés d'insectes que l'on croyait purement et simplement mécaniques et robotiques. L'apport capital de Rémy CHAUVIN est justement de nous avoir éclairés sur cette complexité. Il nous a fait remarquer des choses que nous aurions pu remarquer nous-mêmes en regardant des fourmis s'agiter pour traîner un brin d'herbe vers la fourmilière : qu'un nombre incroyable de tire-au-flanc s'agitent, mais en réalité ne font absolument rien. Nous savons que des sociétés de fourmis pratiquent l'agriculture (cultivent des champignons), l'élevage (élèvent des pucerons), et sont aussi des sociétés où il y a de la drogue (certaines d'entre elles s'enivrent comme des folles en buvant des liqueurs tirées des pattes des pucerons !). Ainsi nous devons admettre que la complexité des sociétés d'insectes comporte du désordre.

Je crois que Rémy CHAUVIN parlera surtout de ce problème que je n'aborde pas : c'est que finalement la société des fourmis, elle-même, apparaît comme une sorte de super-cerveau à millions de pattes, alors que chaque fourni est comme un neurone isolé qui ne sait pratiquement rien faire. Ce sont les interactions qui donnent lieu à une intelligence organisatrice collective.

Venons-en aux sociétés de mammifères, et singulièrement de primates, qui constituent un autre type de société. Là nous n'avons pas du tout le même type de différenciation, qui est anatomique chez les fourmis, nous avons une différenciation qui correspond à des bioclasses : les mâles, les femelles et les jeunes constituent trois bioclasses, à la fois déterminées par le sexe et par l'âge, donc par une caractéristique biologique, et qui forment des groupes distincts, avec chacun ses fonctions propres. Nous voyons aussi dans les sociétés de mammifères et de primates, apparaître l'autorité personnelle. Alors que chez les fourmis, chez les abeilles, la reine pond, sécrète des phéromones, mais ne gouverne pas le groupe, les sociétés de mammifères ont des leaders et des chefs. Michaël Chance faisait la distinction entre deux types de sociétés chez les singes : celle des babouins avec une autorité qu'il appelait *agonistique* et celle des chimpanzés, où le leadership est *histrionique*. La société de babouins est quasi enrégimentée, c'est une société de savane qui encourt des périls constants, où la troupe est toujours encadrée par des mâles durs et où au milieu sont les femelles avec leurs bébés. Dans une telle société le mâle dominant impose son autorité par le regard, les autres détournent ou fuient ce regard. L'intimidation par le regard est le fondement de l'autorité. Par contre les chimpanzés, eux, mènent un peu une vie de hippie dans les forêts, vivent dans la sécurité. L'autorité y est histrionique, c'est-à-dire que celui qui veut acquérir le pouvoir, le prestige, la prestance, se donne des grands coups sur la poitrine et fait le beau comme certains de nos grands orateurs de la République.

Dans les sociétés de mammifères, l'organisation sociale est à la fois rivalitaire et fraternitaire. Je m'explique : les mâles sont entre eux agressifs et en rivalité pour le poste dominant, pour la préséance, pour la possession des femelles et pour la nourriture. Cette rivalité se résoud dans une hiérarchie au sommet de laquelle se trouve le mâle alpha, le mâle dominant, le chef. Mais cette société tellement rivalitaire est en même temps communautaire dès qu'il s'agit de partir en chasse, de faire une stratégie commune pour prendre le gibier et surtout quand il s'agit de se défendre contre l'ennemi extérieur. Et ce trait mammifère et primatique est un trait qui va se développer, se métamorphoser, mais rester toujours présent dans toutes les sociétés humaines.

Dans une telle société, il y a possibilité qu'il y ait exception à la règle dominante qui fait par exemple que ce soit le mâle, pas nécessairement le plus fort mais le plus avantageux, celui qui en veut le plus, qui soit dominant. Parfois c'est une guenon, pas nécessairement vieille, qui joue le rôle de chef, c'est-à-dire que Golda Meir ou Madame Aquino ont des prédécesseurs déjà chez les chimpanzés ! Autrement dit, on voit se produire des phénomènes non-triviaux, des phénomènes inattendus. On observe dans les sociétés de mammifères, et cela va s'accroître chez les primates, des relations de plus en plus profondes et longues entre la mère et la progéniture, à ce point même que chez les chimpanzés on a pu découvrir qu'il n'y avait pas d'inceste entre la mère et son fils devenu adulte. Ce type de relation profonde est lié au développement de l'affectivité qui fait que vont se développer aussi bien les antipathies, les hargnes liées aux rivalités, que les sentiments fraternels et d'affection. Enfin, étant donné ce caractère rivalitaire et communautaire, on peut dire que les sociétés de mammifères se fondent sur un lien apparemment contradictoire, mais en fait complémentaire, entre l'égocentrisme des individus dans les situations rivalitaires, et le sociétisme où ces individus égocentriques se mettent au service de l'intérêt collectif dès que survient le besoin et la nécessité. On peut alors appliquer à ce type de société, et je dirai à tous les types de sociétés, batties sur ce modèle, la formule de Hegel sur l'identité : *une société est l'union de l'union et de la désunion.*

Si je prends deux termes qui ont eu leur succès dans la sociologie allemande, c'est-à-dire la gemeinschaft (communauté), et la gesellschaft (société), la communauté étant faite d'un rapport de participation collective et la société étant plutôt faite de rapports rivalitaires, on peut dire qu'il n'y a pas ou bien des communautés ou bien des sociétés, mais que toute société est un mixte de gemeinschaft et de gesellschaft. On voit donc que l'on peut parler de complexité sociale chez les mammifères, notamment chez les primates, et que l'idée de société est liée à un certain type de complexité.

Venons-en maintenant au cas particulier de la société humaine. Celle-ci s'est formée à travers une longue évolution, avec sans doute, comme l'a indiqué avec force COPPENS, le rôle de ce défi écologique qui a poussé, dans la savane, des primates, nos ancêtres, à développer le bipédisme et l'usage de la main, mais qui, dans ces conditions nouvelles, ont développé en même temps que leur cerveau, un nouveau type d'organisation. Et vient un moment où se constitue la culture, laquelle est inséparable du langage.

Bien sûr, il y a des phénomènes protoculturels que l'on peut voir dans de nombreuses espèces animales et notamment chez les primates. On connaît l'exemple intéressant de ces macaques étudiés par des éthologues japonais qui ont pu constater " de visu " l'apparition d'un trait protoculturel, lui-même lié à l'organisation sociale. Ces macaques vivaient dans la forêt à l'intérieur d'une île et les jeunes, plus aventureux, allaient sur la plage et avaient coutume de manger des tubercules. Ils les extrayaient de terre, les frottaient, les nettoyaient puis les mangeaient.

Un jeune macaque se trouve au bord de la mer et laisse tomber son tubercule. À ce moment, il le ramasse et fait une double constatation : premièrement qu'il est lavé par l'eau et deuxièmement qu'il a un goût salé agréable. C'est une invention aussi grandiose que le fait de tremper le croissant dans le café au lait. À partir de ce moment-là les jeunes se sont mis à imiter ce promoteur, cet initiateur, et se sont déplacés vers le rivage. Les vieux, eux, n'ont pas suivi. Mais les jeunes devenant adultes ont commencé à vivre près du rivage et à goûter de petits fruits de mer qu'ils dédaignaient jusqu'à présent. Une petite révolution culturelle, ou protoculturelle, s'était opérée dans une de ces îles japonaises.

Il y a donc possibilité d'acquérir un savoir par imitation, mais il est bien évident que c'est à travers le langage, notre langage à double articulation qui permet une création illimitée de mots et l'organisation de la syntaxe, que la culture naît comme un capital de connaissance et de savoir où chaque chose sue est nommée, c'est-à-dire étiquetée. C'est un capital de savoir-faire, pas seulement technologique, mais aussi stratégique. Un capital de normes, de valeurs, de croyances, de mythes et de rites. Et le propre de la culture c'est que ce qui est capitalisé et se transmet, est emmagasiné dans la mémoire avant l'invention de l'écriture et se transmet de génération en génération. C'est-à-dire : la culture est un savoir non-inné. Mais ces programmes de comportements non-innés sont comme l'équivalent de ce que serait une génothèque pour la société elle-même, c'est-à-dire un ensemble de principes générateurs de complexité sociale. C'est la culture qui permet à la société humaine de développer sa propre complexité, de s'enrichir par l'apport d'inventions nouvelles, par la connaissance de techniques venues de l'extérieur. La culture est un élément capital, mais pas seulement dans le domaine des savoirs, des savoir-faire, des connaissances, etc. : elle va apporter le liant communautaire aux sociétés humaines, c'est-à-dire le mythe d'un ancêtre commun, l'idée d'être ensemble en fonction d'une vision du monde commune, de se situer dans l'espace et dans le temps. Et l'idée d'ancêtre commun crée, sur le mode du langage et de la pensée, la fraternité de tous les membres d'un groupe social. Ce sont la culture et le langage qui permettent de formuler les règles fraternitaires : règle du partage de la nourriture, règle du partage des femmes, et l'on peut dire que les règles concernent aussi bien les activités des hommes que celles des femmes, parce qu'il y a aussi une culture proprement féminine qui se développe. Au cours de l'hominisation surgit un phénomène absolument inouï, par rapport aux sociétés de primates : c'est le père. Alors qu'en quelque sorte les primates ignorent le père, les hommes non seulement connaissent le père, mais celui-ci s'introduit auprès de la mère. Cet événement est évidemment d'une importance capitale. Freud s'était simplement trompé : il voyait la mort du père comme un élément constitutif de la société humaine. C'est au contraire la naissance du père qui est constitutive de la société humaine.

Les sociétés humaines archaïques qui pendant des dizaines de milliers d'années vont se répandre sur la planète terre, sont des sociétés démographiquement peu nombreuses, très adaptables, très mobiles, qui pratiquent chasse, cueillette, pêche, dont certaines sont plus ou moins ouvertes, d'autres plus ou moins fermées, certaines plus ou moins rigides, d'autres plus ou moins souples, ce sont évidemment des sociétés sans État, des sociétés où l'économique n'est pas différencié des autres dimensions de la vie sociale ; où le politique proprement dit n'existe pas sinon à partir de l'autorité du chef de guerre ou du conseil des anciens. Il n'y a pas de police ou de prison. Une telle société est organiquement fondée et tenue par la culture. C'est un type de société qui, malheureusement, a disparu par la violence, c'est-à-dire par la diffusion sur la terre entière des sociétés historiques, qui sont des sociétés d'un type nouveau.

Ainsi donc les sociétés primatiques et les sociétés humaines se sont constituées pendant l'hominisation autour de la culture, et nous allons voir apparaître des sociétés historiques qui sont des sociétés à État. C'est une véritable métamorphose. D'abord une métamorphose démographique : les sociétés historiques sont des sociétés de milliers (Cités) voire de millions (Empires) de membres. C'est aussi une révolution technologique car l'agriculture et l'élevage vont se répandre, les grands villages et les villes vont apparaître ; apparaissent du coup la sédentarité, la division et la spécialisation du travail, l'artisanat, la milice, l'armée, la guerre : les réserves constituées après la récolte vont attirer les pillards et il va falloir se défendre par milices. Certains pillards pourront imposer le tribut et l'impôt : c'est une des origines de l'État, la domination. Et nous verrons se constituer non seulement l'appareil d'État qui prélève le tribut, qui prélève l'impôt, mais aussi d'autres appareils comme la Prêtrise et l'Armée. Ces sociétés vont connaître une différenciation non plus des classes bio-sociales (femmes, jeunes...), mais des classes sociales, souvent à partir d'ethnies différentes. Nous allons voir surgir de nouveaux désordres, des conflits entre classes, des conflits entre ethnies, les bas-fonds de la société livrés à la délinquance, et vous savez que dans le monde antique d'énormes Empires naissent et s'écroulent rapidement. Par contre, sont plus stables les petites cités qui réussissent à tenir, sauf quand elles sont anéanties par un Empire prédateur.

Après ce type " antique " déjà marqué par la constitution de l'État, une autre métamorphose apparaît dans l'Europe occidentale des temps modernes : le surgissement de l'État-nation.

C'est une œuvre historique, au départ très lente, qui s'opère à partir de royautés, notamment en France, en Espagne et en Angleterre. Ces États-nations créent un ensemble organisé à partir des ethnies asservies et commencent à les unifier par la langue nationale. L'État-nation qui se développe en tant que réalité organisatrice, développe aussi un lien mythologique d'un type nouveau qui est la transposition sur de vastes collectivités, dont les individus ne se connaissent pas, à la différence des sociétés primitives, d'un mythe matri-patriotique qui donne à l'État-nation les vertus affectives fortes qu'ont la mère et le père pour l'enfant. (L'erreur des sociologues est de parler de nos sociétés comme uniquement des sociétés alors que ce sont des États-nations, comportant un ciment mythologique propre). Nous disons ***la mère patrie*** sans nous rendre compte que nous utilisons le masculin paternel à l'intérieur du féminin maternel. La patrie est un mot qui unit le Maternel et le Paternel : l'État symbolise l'autorité du père à laquelle il faut obéir inconditionnellement ; la " matrie ", c'est la chaleur de la mère, c'est la terre, c'est la maison, c'est ce qu'il faut protéger, c'est ce qui mérite l'amour. Respect et vénération pour la substance paternelle, amour pour la substance maternelle. Ainsi, nous sommes les enfants de la patrie. C'est d'autant plus nécessaire que les sociétés nationales sont constituées de groupes, d'ethnies, qui sont en conflit, en concurrence économique et en rivalité sociale. Les rivalités et les conflits se multiplient dans le cadre des États nationaux, y compris les luttes de classe. C'est effectivement cette double polarité, la polarité mythologique communautaire, avec bien entendu l'organisation administrative de l'État-nation, et de l'autre les rapports de rivalité et de conflit, qui fait l'originalité de nos sociétés modernes.

Or, ce modèle d'État-nation, qui s'est constitué péniblement pendant des siècles en Espagne, France, Angleterre et qui s'est épanoui véritablement avec la révolution française pour la France, va essaimer dès le début du XIXe siècle en Europe de l'ouest (Allemagne, Italie) puis se répandre en Europe et dans le Monde au XXe siècle. Il est tout à fait remarquable dans l'histoire humaine qu'il faille très longtemps pour que surgisse une formule nouvelle, mais dès que celle-ci est constituée elle peut essaimer très facilement. Il a fallu une longue évolution technique pour créer, par exemple, la radio ou la télévision, mais une fois qu'elles sont constituées, elles peuvent aller dans toutes les régions du monde, à commencer par les régions sous-développées industriellement. Ainsi la formule de l'État-nation diffuse d'abord en Europe où elle permet à des ethnies qui étaient dominées par des empires (Empire Austro-Hongrois, Empire Tsariste, Empire Ottoman) de trouver la formule qui va assurer leur émancipation. Et puis le XXe siècle voit la diffusion mondiale de l'État-nation, y compris sous les formes les plus étranges puisqu'en Afrique l'État-nation est le résultat territorial d'un découpage colonial tout à fait abstrait qui met ensemble des ethnies qui n'ont pas la même culture, ni le même langage, ni la même religion, sans qu'il y ait ce travail de brassage historique, et l'on voit deux nations se disputer quasi le même territoire : Israël et la Palestine. Nous voyons donc, avec tous les problèmes nouveaux, la mondialisation du phénomène de l'État national comme type contemporain d'organisation sociale.

On peut alors se demander si l'État-nation n'a pas épuisé sa fécondité historique qui est de créer de vastes zones de pacification (par exemple la liquidation des seigneurs-brigands, et la création de vastes zones culturelles). Cette question me semble cruciale pour le futur des sociétés humaines. De plus la formule de l'État-nation est en voie d'évolution rapide étant donné que nos sociétés sont soumises à un développement techno-bureaucratique extrêmement puissant et que l'hypertrophie du phénomène d'État se développe en fonction de ce développement techno-bureaucratique propre. Nous voyons même dans notre siècle deux variantes extrêmes de la même formule : le type démocratique et le type totalitaire.

Qu'est-ce que la démocratie dans ce concept de société ? C'est un système qui organise de façon productive le jeu de la diversité, des oppositions et des antagonismes. C'est une organisation régulatrice du conflit qui fait que le conflit est transporté sur le forum, dans les débats parlementaires, dans les négociations, et ne se transforme pas en conflit physique violent. Bien entendu certaines démocraties peuvent s'effondrer sous le poids des conflits parce qu'elles n'arrivent plus à les réguler. Ceci est vrai des démocraties récentes qui n'ont pas d'enracinement historique. La démocratie est un nouveau type d'union de l'union et de la désunion rendant productive la désunion qui est une des essences de la démocratie.

Par contre, le système totalitaire tend à éliminer la pluralité et le désordre. En fait, s'il réussit à éliminer plus ou moins des pluralités d'opinions ou d'idées, il n'élimine pas le désordre. Ce n'est jamais un ordre implacable et impeccable. Au contraire, il provoque du désordre par en dessous. Ainsi en URSS l'excès du centralisme bureaucratique, où toutes les décisions économiques sont prises au sommet produit un désordre à la base. Si on appliquait ou on obéissait à cet ordre quasi mécanique de la bureaucratie, rien ne fonctionnerait. Pour que le système fonctionne, il faut qu'on triche, il faut qu'on se débrouille. À la base, il y a un système de débrouillardise, de bakchich, d'échange de services, système anarchique souterrain, mais qui exprime aussi bien la protestation de la société qui étouffe sous la contrainte de l'ordre totalitaire, et qui en même temps continue à faire vivre celui-ci puisque s'il n'y avait pas de désordre à la base, le système ne vivrait pas. Comme quoi, vous ne pourrez jamais éliminer le désordre de la société.

Je vais maintenant arriver à des conclusions :

Première idée : est-ce que nous ne sommes pas à une époque où d'autres formes de société que l'état national sont possibles : des formes confédératives multinationales ? Nous savons qu'en Europe il y a eu trois échecs de types différents. Une tentative de réforme de l'empire Ottoman qui a commencé dès 1827 avec le TANZIMAT et qui a échoué sous les poussées externes et internes des nationalités et sous celles des Empires rivaux. Puis l'Autriche-Hongrie s'est effondrée et a été dépecée, alors qu'il s'y développait une tendance à en faire une confédération de nationalités. Et nous savons qu'en URSS, il s'est créé formellement une confédération. On n'a pas encore mis la réalité dans ces termes et la confédération dissimule la domination du centre, de Moscou, et la domination du parti central. Puisque l'histoire est toujours faite de tentatives avortées avant qu'il y ait la réussite, on peut se demander s'il n'y a pas une poussée (c'est peut-être le problème qui se pose en Europe de l'Ouest) pour arriver à des stades méta-nationaux, à des organisations que j'appelle confédérales.

Le deuxième problème est celui de l'extrême complexité sociale : plus il y a de complexité, plus il y a tolérance et utilisation du désordre. Mais le désordre a deux visages. L'un c'est la liberté, liberté des individus, liberté du groupe, c'est la délinquance et le crime. Hegel, du reste, avait eu cette formule très forte : " la liberté, c'est-à-dire le crime ! ". Bien entendu, c'est l'autre visage, le visage noir, de la liberté. Mais je vous dis ceci pour poser un problème qu'avait théoriquement très bien posé le théoricien cybernétique allemand Gottard Gunther, en disant : " l'extrême complexité c'est la désintégration ". En effet, plus il y a de jeu entre les éléments constitutifs d'une société, plus il y a de liberté pour les individus et pour les groupes, plus va tendre à se détruire le lien social. Il y a donc une limite à la complexité, sauf s'il n'y a pas quelque chose de plus puissant qui cimente cette complexité, et qui est la solidarité.

Les états nationaux, les sociétés archaïques, n'ont pu vivre qu'en fonction d'une solidarité qui avait un aspect mythologique. Mais mythologique ne veut pas dire illusoire. Cela veut aussi dire quelque chose qui donne une réalité concrète, un lien. Or nous sommes actuellement dans un processus où se désintègrent toutes les anciennes solidarités : solidarité de village, solidarité de la grande famille, solidarité de voisins. On tend à l'atomisation dans la ville où règne la foule solitaire, et les nouvelles solidarités ne se sont pas encore constituées. Autrement dit la complexité ne peut se développer que s'il y a en même temps croissance du lien fraternaliste quelle que soit sa source ou quelle que soit sa nature. Chez les fourmis cette fraternité, ou plutôt cette sororité (puisqu'elles sont sœurs) est vécue, elle n'est pas pensée. Chez les mammifères, elle est ressentie dès qu'il y a un péril et dès qu'il y a une action commune. Chez les humains, elle est vécue, elle est conçue, elle est pensée, et je crois que c'est un problème aujourd'hui fondamental.

Donc, la notion de société n'est pas encore épuisée. C'est-à-dire que d'autres types de société peuvent naître. Je n'ai aucune certitude et les possibilités d'avenir sont incertaines et aléatoires comme l'ont été toutes les grandes métamorphoses dans l'histoire de l'humanité. J'ai voulu, ici, enraciner le concept de société dans l'organisation vivante — d'où il se différencie à partir du moment où il y a des individus assez complexes sexuellement, cérébralement — et par l'autonomie de comportement, ce qui du reste se trouve lié. J'ai essayé de voir les multiples formes de sociétés, les métamorphoses évolutives, et toutes ces formes, toutes, s'éloignent de l'idée d'un ordre parfait. Toutes obéissent à une dialogique très particulière selon les uns et les autres, d'ordre, de désordre et d'organisation. Et puis, je me suis permis en conclusion d'essayer d'entrevoir quelques-uns de nos problèmes présents et peut-être d'ouvrir le problème de la possibilité d'avenir.

DISCUSSION

(Modérateur : Philippe Brenot)

Philippe Brenot. — Edgar Morin, je vous remercie d'une façon collective car, si j'ai bien compris, je suis à moi seul une société puisque je représente un ensemble d'individus qui vient de vous écouter. Comme la notion de société n'est pas épuisée ni inépuisable, je demande à Rémy Chauvin et Yves Coppens d'initier le débat.

Rémy Chauvin. — Je ne saurais discuter tous les aspects de la leçon si riche que vient de délivrer mon excellent collègue et ami Edgar Morin, aussi je me bornerai à deux aspects particulièrement énigmatiques qui paraissent rapprocher, si ahurissant que ce soit, la société des fourmis et la société des hommes. Évidemment, ce ne sont que deux aspects, n'allez pas me faire dire que la fourmilière est une société comparable à celle des hommes, ce serait une horreur qui ferait s'évanouir tous mes collègues, mais enfin Morin a eu l'occasion de parler des phéromones et du rôle que jouent ces substances chez les fourmis. En deux mots, pour ceux qui ne sont pas familiers avec cet aspect un peu particulier de la biologie animale : ce sont des substances dont la première a été découverte dans mon laboratoire chez la reine des abeilles. On se demandait quel rôle exact jouait la reine parmi les abeilles. Jadis on avait pensé qu'elle jouait un rôle analogue à celui du monarque chez les hommes, et Morin a très justement signalé qu'il s'agissait de quelque chose de beaucoup plus subtil, la forme la plus perfide de domination qu'est l'intoxication. C'est-à-dire que la reine sécrète une substance particulière, ou plus exactement un groupe de substances, les phéromones, qui induisent toute une série de réactions parmi les ouvrières, ses filles. En particulier, ça les stérilise, ça empêche les ovaires de se développer, ça les attire vers la reine comme vers un aimant, ça assure la cohésion sociale, ça stimule la construction de la cire, et ces substances paraissent se développer non seulement chez les insectes sociaux mais chez beaucoup d'autres insectes.

Après avoir découvert ces phéromones, on s'est demandé : et chez les mammifères ? Chez les mammifères, nous avions une série de raisons de penser que les stimuli olfactifs devaient jouer un rôle important dans la régulation ou l'attraction sociale. Par exemple, tout le monde sait bien l'attraction qu'éprouve le chien pour la chienne en folie, attraction qui peut l'attirer vers elle d'une distance de quatre à cinq kilomètres. On a d'ailleurs essayé de caractériser les substances qui attirent ainsi le chien, mais chez cet animal et chez tous les mammifères par ailleurs, c'est extrêmement difficile à analyser parce qu'au contraire de l'insecte, il s'agit non pas d'un petit groupe de substances mais d'un très vaste groupe dont il est très difficile de séparer les rôles, et même sans doute impossible et sans intérêt, car c'est l'ensemble et non pas la partie qui exerce l'influence recherchée. Les phéromones existeraient donc aussi chez les mammifères et notamment chez les singes puisque nous connaissons une substance sécrétée par l'utérus des guenons qui paraît intéresser énormément les singes mâles au moment de l'oestrus. Ce serait un groupe d'acides gras d'une odeur assez forte et assez désagréable que l'on trouve d'ailleurs dans le vagin de la femme.

Tout ça c'est bien joli mais c'est un peu de l'art pour l'art. Ce qui nous intéresserait, ce serait de savoir si chez l'homme il y a quelque chose qui ressemble aux phéromones, s'il existe des mécanismes totalement inconscients mais qui ont peut-être chez nous un rôle beaucoup plus important que nous le croyons. Oui, ça existe. Mais il s'agit de phénomènes qui, malgré l'importante littérature, n'en sont pas plus clairs pour cela. Le premier, et peut-être le plus significatif, est l'effet Mac Intosh. Il y a quelques années, la doctoresse Mac Intosh examinait l'état de santé des jeunes filles d'un pensionnat très huppé de la Nouvelle-Angleterre, où les jeunes filles vivaient à cinq dans les chambres. Elle remarqua qu'au bout de quelques mois toutes les filles d'une chambrée avaient leurs règles en même temps. Cela a donné lieu à une série de recherches tout à fait extraordinaires. De quoi s'agit-il ? Il s'agit d'une substance qui n'est pas sécrétée par le vagin, comme on pourrait le croire, mais par les aisselles d'une certaine fille qui prend le nom de

“ fille dominante ”. Naturellement, tout cela est complètement inconscient et lorsque les femmes ont ce désagrément que l'on appelle les règles, elles ne s'en vantent généralement pas et prennent des précautions hygiéniques pour que l'odeur parfois particulière du sang menstruel ne vienne pas les incommoder. Eh bien ce n'est pas seulement le sang menstruel, mais une sécrétion des aisselles que l'on peut recueillir chez la femme dominante. Et la libre Amérique, dont l'esprit d'entreprise ne recule devant rien, a demandé à une série de jeunes filles de garder pendant la nuit, sous leur nez, un tampon imbibé de cette sécrétion diluée. On a alors constaté ainsi que certaines femmes mettaient à leur propre heure l'horloge menstruelle d'une série de leurs compagnes. Pourquoi cela ? On n'en sait rien, mais cela pose un problème général. N'y a-t-il pas d'autres phénomènes chez l'homme, tout aussi inconscients que ceux-là ? Un exemple extrêmement précis a été particulièrement étudié par mon élève et ami le Professeur Montagner : les nouveau-nés réagissent à leur mère par des stimuli qui pourraient être olfactifs. Certains faits peuvent le donner à penser. Une expérience consiste à demander à la mère de porter pendant quelques heures un tampon entre ses seins, loin des mamelons. Si l'on présente ensuite ce tampon devant les narines du bébé de deux jours qui est en train de dormir, il fait des mouvements de succion. Si c'est un tampon qu'une autre femme a porté entre ses seins, rien ne se produit. Cela est épouvantable parce que cela prouve que nous ne savons pas élever nos enfants. Quand on pense que le petit bébé arrive à reconnaître sa mère à l'odeur, moi je me pose des questions : quand par hasard on donne le bébé à une nourrice, qu'est-ce qui se passe ? Est-ce qu'on ne provoque pas des traumas affectifs infiniment plus dangereux qu'on ne le croit, et que les psychanalystes ont remarqué et essayé d'expliquer dans leur jargon propre. Mais il s'agit peut-être aussi d'une banale action physiologique qui nous ramène au rang des mammifères. Chez l'homme, l'olfaction qui paraît très peu développée, et dont nous ne nous servons pas beaucoup, sauf pour la dégustation des aliments, ne serait-elle pas en réalité un organe particulièrement traître, un organe de relation sociale inconsciente qui gouverne notre comportement sans que nous nous en apercevions. Tout cela nous pousse à envisager une sorte de sociologie physiologique à laquelle on s'intéresse beaucoup en Amérique, mais hélas très peu en France. Peut-être sera-t-il possible de déceler, chez l'homme en particulier, toute une série de réactions parfaitement inconscientes qui sous-tendent ce comportement sociologique. Cela veut dire que la science n'est jamais finie, comme Edgar Morin l'a bien montré dans les aperçus fulgurants qu'il nous a donnés sur les développements des sociétés. Elle n'est jamais finie et se développe souvent dans des conditions tout à fait inattendues. Par exemple, les éthologistes et les chimistes qui ont étudié les phénomènes dont je viens de parler ne s'intéressent pas à ce que dit l'homme (et souvent ce qu'il dit est extrêmement loin de ce qu'il fait !), mais à ses réactions inconscientes sur lesquelles il fabule et qui le gouvernent perfidement sans même qu'il s'en rende compte !

Philippe Brenot. — Si j'ai bien entendu, ce que disent les éthologistes, il y a des éléments non-pensés chez l'homme. Ne pourrait-on pas dire qu'il y a un peu de fourmi en nous ?

Rémy Chauvin. — En quelque sorte !

Yves Coppens. — Tout ce que j'ai entendu m'a beaucoup plu, mais je vais vous dire mes soucis : quand on travaille dans le temps, le problème est d'arriver à lire dans les restes qui nous parviennent quelques éléments ténus de ce qu'ont été les sociétés, et d'autre part d'arriver aussi à saisir le moment où on a affaire à une véritable culture. Vous avez entendu qu'Edgar Morin (là je ne le suivrai peut-être pas tout à fait) associe absolument culture et langage. Or on a quelques idées sur l'apparition du langage, quelques idées aussi sur les éléments que l'on peut attribuer à la culture, mais dans quelle mesure peut-on aussi parler de culture lorsqu'il s'agit de petits singes ? On parle alors de protoculture. C'est le problème du passage de l'instinct, de l'inné, à l'acquis. Quand est-ce que l'on a uniquement de l'instinct, puis beaucoup d'instinct et un petit peu d'acquis, et puis ensuite autant d'instinct que de choses à apprendre, et puis que finalement se fait la bascule ?
L'histoire du petit macaque du Japon, je voulais, moi aussi, la raconter. Avouez que c'est extraordinaire : ce petit macaque a trouvé que les pommes de terre lavées et salées étaient bonnes mais, en même temps, ça lui a donné l'idée de manger du poisson ! Et tout cela il l'a montré à ses parents et c'est devenu une tradition, alors que le groupe de macaques voisin regarde cela avec étonnement sans rien comprendre. Les macaques voisins continuent à manger leurs pommes de terre pleines de terre, ou en tout cas lavées à l'eau douce. Je veux bien que l'on appelle cela " protoculture " parce que ce sont de petits macaques, mais tout de même il y a véritablement une notion d'acquis au sens plein du terme. Alors quand je suis perdu au milieu des Australopithèques que je crois avoir taillé la pierre, je ne sais pas trop si je suis en présence d'une protoculture comme aimeraient dire ceux qui associent toujours l'homme à l'outil, ou s'il s'agit véritablement d'une première culture.

Philippe Brenot. — Entre Yves Coppens et Edgar Morin, j'ai entendu un discours différent pour parler du début d'une " vraie culture ". Ce problème avait été soulevé lorsqu'on discutait des origines[1] : il n'y a pas *une* origine mais *des* origines, de nombreux critères entrant en ligne de compte. Je viens d'entendre que beaucoup d'éléments distincts pouvaient permettre de parler de société. Lequel est-il déterminant ? Y en a-t-il un de plus convaincant que les autres ? Edgar Morin, vous avez semblé insister sur l'invention du père...

Edgar Morin. — Tout d'abord par rapport à cette culture, protoculture, première culture : je crois qu'il est impossible de tracer une frontière entre protoculture et première culture. Ce sont des commodités de langage qui permettent de polariser le phénomène. Par principe, je crois que les choses importantes on les définit par le noyau et non par les frontières. Il est très difficile de tracer la frontière entre l'amour et l'amitié. L'amitié on sait ce que c'est, l'amour aussi, mais enfin il y a de l'amitié amoureuse, il y a de l'amour amical... Et pour toutes les choses importantes, dans le fond il n'y a pas de frontière. C'est peut-être pour cela que j'ai employé le mot de protoculture, mais dans le fond je n'y tiens pas, je ne suis pas très taxinomique, je n'ai pas envie de classifier. Je voulais simplement dire qu'à partir d'un certain moment du processus de l'hominisation, se trouve constitué une sorte de bloc où à la fois il y a, bien entendu, la transmission du savoir artisanal sur les outils, sur la pierre, qui évidemment a commencé avant l'apparition du langage à double articulation, étant donné que ce langage a été précédé d'un *proto-langage* ou *call-system* une gamme de sons pouvant nommer des choses différentes. Il n'y a pas une frontière nette et évidente entre protoculture et culture : il y a à travers créations multiples. Pour moi, il y a moyen culturel quand il y a notre langage à double articulation ; c'est le système qui permet d'énoncer et conserver des Règles, Principes, Noms, Savoirs qui ne sont pas naturel-ement écrits dans le savoir génétique : ainsi on énonce les règles du partage et on se nomme " frère " ; on raconte un mythe de la genèse du Monde et on y inscrit l'homme et la société. La fraternité humaine doit être énoncée culturellement parce qu'à la différence des fourmis et des abeilles, les adultes sont issus de couples différents, de familles différentes. À la différence des mammifères et des primates, il se constitue un lien profond à partir d'une trinité, à la fois réelle et mythique, qui prédispose à la société : " Au nom de la mère, du frère et du Père."

---

1. *Les Origines* avec Yves Pélicier, Yves Coppens, Hubert Reeves, Jacques Reiss et Éric de Grolier. (Coll. Converssciences, L'Harmattan, 1988.)

Maintenant, dans le complexe propre à l'hominisation, j'ai donné l'apparition du père comme un des éléments que je crois très importants. Bien entendu on peut dire qu'il y a déjà beaucoup de sociétés d'oiseaux où existent conformément le couple et la société. Mais chez les mammifères ou chez les primates il y avait soit le couple et pas la société soit la société et pas le couple. La rencontre du couple s'est opérée au cours du processus d'hominisation. Or quand on sait que chez les chimpanzés il n'y a pas d'inceste (c'est-à-dire qu'il existe une sorte d'inhibition naturelle), chez les humains, par contre, le père arrive dans la relation intime mère/enfant comme un étranger (dans certaines sociétés, on ne sait même pas qu'il joue le rôle du géniteur). Le père arrive dans le couple en mâle et il y a alors un danger de copulation père-filles. Je crois que l'apparition du père, la prohibition de l'inceste, l'échange sont des éléments inter-relationnels qui permettent de parler de société humaine. C'est pour ça qu'il faut inverser l'idée de Freud sur la mort du père. L'idée de Freud est que tout commence par le père, je dis que l'hominisation se termine par le père.

Yves Coppens. — Je voudrais préciser deux points. Le premier, encore des histoires de singes. Lorsqu'on étudie de mieux en mieux nos cousins les singes, et en particulier les grands singes, on est de plus en plus étonnés par les comparaisons, les similarités, les assemblages, entre eux et nous à propos de cette première culture ou protoculture. Cela ne veut pas dire que les singes, les chimpanzés, sont en train de se développer de façon surprenante, cela veut dire que l'on est en train de développer de façon surprenante notre connaissance des chimpanzés. Mais ceci aura, bien sûr, une limite. Deuxième point, mais c'est un peu spéculatif de ma part, au même titre que la pression de l'environnement a fait l'hominidé, je pense que c'est la pression de l'environnement qui a amené le père, c'est la pression de l'environnement qui a fait le couple : l'amour est finalement né de la sécheresse !

Philippe Brenot. — La formule est belle !

Claude Bensch. — Je vous remercie énormément de cette merveilleuse leçon de philosophie. J'ai un peu honte d'intervenir dans des domaines qui me sont étrangers, mais je voudrais vous poser une question et d'abord faire une remarque : dans le début de votre exposé, vous avez eu une phrase peut-être justifiée mais que j'ai trouvée un peu sévère sur la sociobiologie. Sévère parce que lorsque j'ai analysé votre discours, j'ai vu qu'en philosophe et contrairement à ce que nous faisons en sciences, vous n'avez rien défini a priori, mais que par petites touches vous nous avez apporté des éléments pour que chacun de nous devine la définition que vous nous avez avoué ne pas vouloir donner de ce qu'était une société. Et nous vous avons écouté une heure et demie sans savoir ce que cela était, mais en le découvrant aux charmes de vos propos. Ce faisant, vous avez cheminé en allant chercher chaque fois des éléments dans la biologie et en essayant de voir comment cela vous rapprochait de l'organisation sociale. Vous faisiez, Monsieur, de la sociobiologie, mais dans le bon sens ! Ma question est peut-être difficile, mais c'est une vraie question, et dans ma propre réflexion je me la pose depuis longtemps : vous avez bâti l'organisation de ce phénomène que l'on appelle la société sur l'apparition des bioclasses, sur l'apparition de la reproduction sexuelle, sur l'apparition d'un système nerveux central et l'apparition de l'autorité. À ce moment de votre discours, est arrivée cette notion, que vous venez d'ailleurs un peu de développer, qui est la naissance du père, et vous avez attaché une très grande importance dans l'organisation sociale à ce phénomène mâle. Or, regardons avec des yeux que je voudrais sereins les sociétés humaines ou pré-humaines : en période d'équilibre, nous voyons qu'elles s'organisent sur un mode féminin. C'est-à-dire que l'ensemble des comportements sont des comportements reproducteurs pour le prix de la reproduction, des comportements de subsistance, des comportements d'organisation du milieu pour qu'ait lieu la reproduction dans un milieu protégé. Donc des comportements de soucis ovariens, de soucis de femelles. Comment donc le père, par son autorité, peut-il organiser une société sur un mode féminin ?

Edgar Morin. — Tout d'abord, je veux vous remercier non seulement de votre question, mais aussi de votre remarque. Je ne sais plus exactement ce que j'ai dit, mais j'ai été trop éclectique. J'ai dû dire quelque chose du genre de : “ une certaine sociobiologie veut réduire la société... ”. J'ai eu tort de vouloir expédier la sociobiologie dans cette formule. Surtout qu'en France, nous avons trop tendance à vouloir liquider la sociobiologie en nous imaginant que ça sert je ne sais quel racisme. Il est évident que l'ouvrage de Wilson est d'une richesse de documentation, d'information et de stimulation incroyables. Vous avez tout à fait raison de faire cette remarque, mais mon sentiment est beaucoup plus complexe. Je voulais avant tout, en prenant au vol cet exemple, bien préciser que je n'étais pas réductionniste. Vous savez, c'est très difficile de se faire comprendre quand on est à cheval entre les deux cultures : la culture des sciences humaines reliée à la culture humaniste, et la culture des sciences naturelles. Parce que pour quelqu'un des sciences humaines ou du monde humaniste, montrer que l'homme, ou ce qui est humain, est enraciné dans le biologique est épouvantable : on croit que cela va être l'appropriation de l'humain par les biologistes, par les sciences naturelles, qu'on va détruire la liberté, la spiritualité, etc. Dans le fond, les sciences humaines se défendent par la disjonction. On ferme la muraille et on ne veut plus communiquer. Il est vrai aussi que du côté des sciences naturelles a régné pendant longtemps l'idée réductrice : on va comprendre en ramenant le complexe au simple. Et moi je lutte sur les deux fronts. Voilà pourquoi j'ai voulu indiquer qu'il fallait enraciner mais pas réduire.

Maintenant, la question féminin/masculin. Il semble que chez les mammifères et chez les primates, la très grande agressivité des mâles les uns envers les autres est tempérée par des rites de soumission. Elle ne conduit donc jamais ou très rarement au conflit physique. L'un des rivaux se soumet et fait le rite de soumission. L'humanité, au cours de l'hominisation a trouvé un moyen beaucoup plus puissant de réduire l'agressivité entre hommes, c'est effectivement d'énoncer des règles de partage qui s'imposent à tous. Cela étant dit, dans l'histoire des sociétés humaines, qui sont aussi des sociétés conflictuelles, il y a une dialogique entre le pôle masculin (agressivité, domination, chasse, prédation) et le pôle féminin (amour, maternité, cueillette, cuisine, foyer). L'aspect féminin domine tout ce qui est pacifié, pacifiant, à l'intérieur de la société. L'aspect masculin domine tout ce qui est dominant et agressif. Alors je crois que nous avons un problème, aujourd'hui, parce que nous tendons non pas vers l'unisexe, mais l'uni-bi-sexe : nous savons très bien que, biologiquement, le masculin comporte du féminin virtualisé, comme le féminin du masculin virtualisé, nous vivions jusqu'à aujourd'hui dans des sociétés où le modèle au sommet de la hiérarchie était le modèle du masculin et où le féminin était toujours considéré comme subordonné. Aujourd'hui, le retour du féminin dans le masculin et l'apparition de masculin dans le féminin, nous conduisent non pas à une homogénéisation mais à une complexité qui nous rééquilibre et interroge en chacun la dialogique riche des rapports entre le masculin et le féminin. Mais c'est vrai que finalement ***la paix est femme.***

SOCIÉTÉS ANIMALES

Rémy Chauvin
Professeur émérite à la Sorbonne

Il faut savoir que s'est créée en éthologie une nouvelle science qui s'appelle la primatologie. Il y a à peine une cinquantaine d'années, les singes et surtout les chimpanzés étaient encore des curiosités exposées dans les jardins zoologiques. Certes, on faisait un certain nombre d'expériences, certaines fort bien faites, compte tenu de la difficulté du maniement du grand singe et des conditions dans lesquelles on les maintenait, conditions qui n'avaient rien à voir avec celles de la nature. Il suffit de voir la piteuse figure que font les malheureux chimpanzés du Jardin des Plantes à Paris. On ne pouvait donc pas tirer de conclusion bien générale de leur comportement.

Depuis, tout a changé, surtout sous l'influence d'une jeune femme, Miss Goodall, une jeune et charmante Anglaise qui a décidé d'aller étudier les chimpanzés dans leur milieu naturel. Elle est restée deux à trois ans en pleine Afrique avec simplement pour compagnons des chimpanzés. En fait elle risquait beaucoup, car contrairement à ce que l'on croit le chimpanzé est un animal beaucoup plus dangereux que le gorille. Il prend par moment des colères absolument épouvantables, sans raisons apparentes. N'oubliez pas qu'il n'a pas deux mains, mais quatre, c'est-à-dire qu'il peut vous étrangler avec son pied gauche, ce qu'aucun professeur de Judo ne vous apprendra jamais, et sa force musculaire dépasse de beaucoup celle d'un homme, car pour maîtriser un chimpanzé quatre hommes vigoureux ne sont pas de trop.

Donc cette jeune fille risquait gros, et quand elle est revenue couverte de gloire en Angleterre, sa tentative ayant fait beaucoup de bruit, une nuée de reporters se sont rués sur elle en disant : Miss, quelles ont été vos expériences avec ces chimpanzés ? Miss, est-ce que tous les chimpanzés se sont conduits avec vous comme des gentlemen ? Elle a répondu : " oui, tous sauf un ". Mais qu'a-t-il fait ? Elle a refusé de le dire, ce qui n'a pas empêché les reporters d'épiloguer sur les chimpanzés, les jeunes filles anglaises et les gentlemen.

Plaisanterie mise à part, contrairement à ce que vous croyez, le chimpanzé mâle ne présente que très peu d'appétence pour la femelle humaine. Dans l'autre sens ce n'est pas tout à fait vrai. C'est-à-dire que les femelles chimpanzés en chaleur manifestent un certain intérêt pour le mâle humain. Il est même arrivé là-dessus des aventures hilarantes à Yerkes, un célèbre primatologue du début du siècle, mais je ne vous les raconterai pas parce que ma pudeur naturelle m'en empêche.

Ce qu'a donc fait Miss Goodall, c'était vraiment... quel est le féminin de précurseur ? Je sais qu'il n'y en a pas. Elle était donc un *précurseur,* si vous me permettez de faire changer Miss Goodall de sexe pour un instant, parce qu'elle s'est aperçue que lorsqu'on vit avec les chimpanzés — et croyez-moi c'est pas drôle du tout dans la brousse équatoriale, par une température de 33° et 100 % d'humidité, j'en ai tâté quelque peu, pas aussi longtemps que Miss Goodall — lorsqu'on vit avec des chimpanzés pendant des semaines, des mois, des années, on voit des quantités de choses que personne n'avait vues auparavant. Un chimpanzé dans la brousse ce n'est pas comme un chimpanzé dans un jardin zoologique. On s'est aperçu d'une quantité de détails sociologiques si étonnants que les chercheurs qui travaillent sur les chimpanzés avaient parfois l'impression de faire de l'ethnologie d'une tribu humaine primitive. Il faut dire, pour être tout à fait juste, que Miss Goodall n'a tout de même pas été la seule à travailler sur les grands singes dans leur milieu naturel, elle a plutôt été la première à travailler ainsi sur les chimpanzés. Auparavant, les macaques de l'école japonaise d'Imanishi avaient été étudiés avec un soin extrême. Seulement, comme ils faisaient toutes leurs publications en japonais, et que malheureusement en Europe notre connaissance de cette langue est généralement assez limitée, personne ne les avait lues. Il y a bien des années, un primatologue américain qui voyageait au Japon et qui parlait le japonais, ce qui encore une fois était fort rare, a eu l'occasion de découvrir une véritable bibliothèque qu'avaient écrite les Japonais depuis des dizaines d'années sur les macaques sauvages des îles du Sud du Japon. Ils avaient trouvé tout ce qu'allait voir Miss Goodall bien des années plus tard, avec tout de même des différences, parce qu'un macaque n'est pas un chimpanzé, un macaque n'est pas un singe anthropoïde. Il a un cerveau moins développé, mais tout de même avec des possibilités d'expression sociale tout à fait extraordinaires. Ce primatologue a fait traduire les travaux japonais et on s'est aperçu qu'une véritable sociologie venait de s'édifier. D'un point de vue social, et non d'un point de vue " intellectuel ", le macaque ne le cède en rien au chimpanzé quant à l'organisation sociale. Mais pour ce qui est du psychisme, le chimpanzé le dépasse de plusieurs longueurs.

Les Japonais avaient trouvé qu'une organisation très sévère régissait les macaques, avec un chef, généralement un mâle, très rarement une femelle, et une hiérarchie extrêmement rigide où les jeunes sont divisés en plusieurs castes suivant qu'ils descendent d'une femelle dominante, d'une femelle sub-dominante ou d'une femelle inférieure. Car ce qui règle les rapports sociaux entre les macaques, c'est le rang de la mère. L'impression de l'éducation de la mère, le laxisme ou le rigorisme, ne s'efface jamais, non plus que ce qu'elle sait de son rang social. Selon que la mère peut s'avancer librement dans la troupe des singes et rosser tous ceux qui s'opposent à elle, ou au contraire qu'elle est craintive et effacée, qu'elle s'efforce de ne pas trop attirer l'attention des dominantes, tout cela s'imprime dans le comportement du jeune d'une manière absolument indélébile.

Dès lors les rangs sociaux sont donc strictement déterminés, et pour vous donner une idée de la caractéristique qu'ils impriment sur les jeunes, je vais prendre l'exemple de la nourriture : il y a en effet dans l'île de Koshima, où ont beaucoup travaillé les Japonais, quatre-vingts plantes que peuvent manger les singes. Et quand on dit qu'ils peuvent les manger ce ne sont pas des extrapolations, on les a vus les manger. Il y a cependant des différences absolument énormes suivant les troupes. Les bandes ont des territoires séparés et, le cas échéant, il arrive aux uns de passer sur le territoire des autres. Parmi ces plantes, une part sont mangées par certaines troupes et d'autres pas. Il y a par exemple des troupes très amatrices de patates douces, et c'est une catastrophe pour les cultivateurs du coin parce que les macaques déterrent leurs patates à peine plantées. D'autres passent à travers un champs de patates douces sans y toucher, fait étonnant, parce que c'est quand même très nutritif !

D'où cela vient-il ? Cela semble venir des préférences du leader. Lorsque le chef aime les patates douces, tout le monde l'imite. S'il n'en mange jamais, personne n'en mangera. Et ce sont les femelles qui impriment à leurs petits les habitudes alimentaires du troupeau. Quand on s'est demandé quelle était la racine de ces préférences on a mis un certain temps à s'apercevoir que cela venait des préférences du chef. Quand on arrivait à capturer un petit, après la première phase d'effarement, il s'apprivoisait assez facilement. On s'apercevait alors qu'il mangeait absolument n'importe quoi. Mais lorsqu'il faisait partie d'une bande " anti-patate douce ", s'il essayait d'en porter une à sa bouche, sa mère la lui arrachait immédiatement des mains et la jetait.

Les Japonais sont partis de là pour faire des expériences d'acculturation. C'est un terme familier aux sociologues et spécialement aux ethnologues mais évidemment appliqué à des singes, cela fait d'abord hurler ces estimables spécialistes du comportement humain qui trouvent que c'était un sacrilège d'étendre des mots pareils au comportement animal. Que firent alors les Japonais ? Des choses très simples : ils laissèrent des bonbons *par hasard* sur le chemin des singes. Je dis bien *par hasard* parce que ces derniers faisaient un très grand effort pour ne pas interférer avec les bandes de singes, c'est-à-dire qu'ils avaient naturellement cartographié tous leurs déplacements — les chemins que suivaient les singes étant assez constants — et il ne fallait pas que les singes voient l'homme ou qu'ils le voient le moins possible, sans quoi cela polluait l'expérience. Il s'agissait encore une fois d'éthologie, c'est-à-dire d'observations dans le milieu naturel.

Alors, que virent-ils ? Ils virent naturellement les petits singes, touche-à-tout comme les enfants humains, qui s'empressèrent vers ces objets nouveaux et intéressants qu'étaient les bonbons. Leur mère accourut aussitôt, leur envoya une paire de gifles et rejeta le bonbon loin d'eux. Puis au bout d'un certain temps, la mère, tout de même curieuse, s'avisa de donner un coup de dent dans le bonbon et trouva cela fort bon. La phase ultérieure était d'arracher le bonbon des mains du jeune pour le croquer elle-même. La phase ultérieure encore c'était l'imitation. C'est-à-dire que la femelle pouvait être imitée par ses collègues, car les singes ne se quittant pas des yeux, chacun est très renseigné sur ce que font les autres et la congénère pouvait elle-même se mettre à imiter ce que l'autre faisait. Deux cas sont alors possibles : la femelle qui introduit ainsi une nouvelle habitude dans le milieu est une femelle dominante ; dans ce cas-là, l'habitude va mettre à peu près un mois à se répandre dans toute la troupe. Si par contre c'est une femelle inférieure, la nouvelle habitude peut mettre une année entière avant de se répandre, parce que chez les macaques (il n'y a pas que chez les macaques d'ailleurs) on imite ce que font les dominants et on n'imite pas ce que font les classes inférieures. Mais cette hiérarchie est-elle absolument stricte ? Chez les macaques, elle le semble assez. Quand nous parlerons des chimpanzés, nous verrons qu'elle l'est moins car les chimpanzés disposent de plusieurs techniques pour surmonter l'obstacle des rigidités sociales.

Un point extrêmement important et presque historique : il y a bien des années, les Japonais avaient oublié un plateau de bois sur le rivage, dans l'île de Koshima. Ils ont alors constaté avec stupeur le comportement d'une guenon, comportement que l'on peut qualifier d'inventif : la guenon s'empara du plateau de bois et y mit des patates douces. Il faut savoir que les singes sont extrêmement maniaques quant à la propreté de leur nourriture. Ils passent par exemple beaucoup de temps à enlever le sable qui peut souiller les patates douces. La guenon plaça deux ou trois patates sur le plateau et les porta dans l'eau d'une source. Elle s'aperçut immédiatement que l'eau enlevait très rapidement le sable et, disent les Japonais, ce qui était extrêmement curieux c'était de voir l'attention subite et le silence qui s'établit dans la troupe criarde des singes qui regardait l'inventrice en train de faire sa découverte.

La même guenon avait ramassé des grains de blé sur le rivage et essayait de débarrasser chaque grain de blé du sable qui le couvrait. Elle s'aperçut qu'en entrant dans la mer et en jetant la poignée dans l'eau, le sable coulait au fond et les grains de blé surnageaient. La phase suivante fut l'imitation. Tous les singes se mirent à imiter la nouvelle invention et apprirent ainsi à entrer dans la mer et même à prendre des bains alors qu'auparavant ils en avaient horreur.

En allant plus loin, on transplanta dans une autre troupe un " macaque à plateau ", si je peux m'exprimer ainsi, c'est-à-dire un macaque qui s'amuse à se servir d'un plateau de bois pour laver la nourriture, et l'invention fut ainsi transmise à l'autre troupe. Cela veut dire évidemment que la troupe des singes n'est pas aussi fixée dans ses habitudes qu'on le croyait et que l'innovation y est possible, parce que des années plus tard le plateau réduit à quelques planches servait encore aux singes.

S'il en est ainsi, si les singes peuvent connaître l'innovation, pourquoi donc sont-ils restés des singes ? Je n'ai évidemment pas de réponse à ceci parce que les singes n'ont pas d'histoire écrite, mais on peut peut-être rêver à ce qui se passe dans les sociétés humaines. Les sociétés humaines sont-elles novatrices ? Oui, en théorie. Elles ont fait des quantités d'inventions. Mais enfin on remarque dans les rares peuplades qui mènent encore une vie sauvage dans les profondeurs des forêts, que les techniques y sont stabilisées depuis des centaines, voire des milliers d'années. Il semble que la civilisation moderne avec ses flots d'innovations qui nous submergent et que nous digérons assez mal, soit le fait, au début, d'un tout petit groupe d'hommes d'Occident. On peut se demander pourquoi, par exemple, ce ne sont pas les Chinois, qui étaient beaucoup plus avancés que nous sur le plan technique, ou les Arabes qui nous avaient dépassés depuis longtemps vers le IXe siècle et qui, entre parenthèses, ont inventé la chimie. Pourquoi se sont-ils tout d'un coup arrêtés et ont-ils laissé à l'Occident la fougue novatrice qui le caractérise ? Je ne sais pas s'il y a des réponses à ces questions, en tout cas ce que l'on peut dire c'est que l'envie d'innover n'est pas du tout générale dans l'espèce humaine et que c'est l'Occident qui a réveillé l'humanité.

Dans les sociétés de singes, il y a aussi des révolutions. Quand un chef se fait vieux, il arrive que deux ou trois jeunes insolents décident de le renverser. Oh ! : sans violence ! Ils s'asseyent en face de lui et le regardent fixement, attitude insupportable pour les singes. Le vieux va leur tourner le dos et désormais perdre peu à peu toute autorité. J'ajouterai que les singes se connaissent parfaitement individuellement et gardent le souvenir de toutes leurs péripéties sociales, autant que les hommes, ce qui n'est pas peu dire. Ils ont aussi d'autres stratégies : par exemple le jeune singe ambitieux peut faire du plat à une femelle d'un haut rang et solliciter d'elle la permission de promener son petit. La femelle va d'abord l'envoyer paître mais, si le jeune se montre suffisamment poli et insistant, elle va lui permettre de promener le petit, et le petit va s'en souvenir toute la vie. Or le singe se développe beaucoup plus rapidement que l'homme, bien que beaucoup plus lentement que tous les autres animaux car, chez les primates en tout cas, plus le psychisme est développé, plus le développement est lent. Le jeune singe se souviendra alors de son père adoptif qui l'a promené et le laissera gravir quelques degrés dans l'échelle sociale. Il y a donc chez les singes un phénomène que l'on peut appeler — je ne sais si cette expression convient, mais je n'en trouve pas d'autre — l'ambition.

J'ajouterai quelques mots de la technique avec laquelle ont été acquises ces observations. Être un primatologue en pleine nature en Afrique n'est pas une mince tâche. On ne permet pas en général à un jeune primatologue d'écrire quoi que se soit sur les singes s'il n'a pas passé 2 000 heures préalables d'observation, 2 000 heures en pleine brousse dans les conditions que j'ai décrites, et comme on dit : " il faut le faire ". Tout cela repose donc sur une observation minutieuse, fixée par les techniques cinématographiques, avec analyse des images et essai de comptage numérique des différentes phases du comportement, qui est ensuite péniblement transféré sur ordinateur et analysé. C'est ainsi que l'on s'aperçoit tout d'un coup que sortent de cette analyse des types de comportements que nous reconnaissons parce qu'ils sont humains.

On retrouve ainsi chez les chimpanzés des comportements sociaux extraordinaires comme, par exemple, l'hypocrisie. À ce sujet on peut mentionner une aventure particulièrement hilarante que rapporte Miss Goodall. Bien qu'elle soit extrêmement pudique dans son langage — elle est très victorienne — elle se laisse quand même aller à quelques " joyeusetés " qui, même dans les phrases sévères des périodiques scientifiques, transparaissent à travers ses livres. Elle rapporte l'histoire d'une jeune femelle qui appartenait au vieux chef chimpanzé et qu'un jeune mâle bien fait de sa personne concupisçait, si j'ose dire, sans beaucoup se cacher, car les émotions chez les singes ont une expression fort naïve que vous devinez sans doute. Et la jeune guenon n'était pas insensible aux attentions que lui portait le jeune mâle. Mais il y avait le vieux chef. Que firent-ils ? Le vieux chef étant occupé ailleurs, la donzelle se précipite vers son soupirant et, chez les singes au diable les préliminaires, on va droit à l'essentiel, si j'ose m'exprimer ainsi. Tout à coup, le vieux chef se retourne. Que voit-il ? Ce que vous devinez. Mais avant qu'il ait eu le temps de se mettre sérieusement en colère, la fille se désengage, va se réfugier avec toutes les marques de la douleur la plus extrême dans les bras de son seigneur et maître, et l'aide ensuite à rosser congrument le vil suborneur qui avait osé abuser de sa vertu. La scène était filmée par une équipe de cinéastes humains, mâles et femelles, et les femmes se tordaient de rire, alors que les cinéastes mâles tendaient le poing à la guenon hypocrite et l'accablaient d'injures. C'est dire que les hommes se comportent quelquefois comme les singes, à moins que cela ne soit les singes qui se comportent comme les hommes.

Un autre phénomène stupéfiant et dont on a eu de nombreux exemples : les singes connaissent la tromperie. Par exemple, dans les rapports sociaux, comme chez nous, certains singes sont plus malins que les autres. Une observation américaine nous parle par exemple d'une jeune femelle qui était parfaitement capable de découvrir de la nourriture que de malins expérimentateurs avaient cachée dans différents endroits, sous des pierres et dans toutes sortes de cachettes assez différentes, mais tout de même pas tellement nombreuses parce qu'il s'agissait d'un enclos. Il n'y avait donc pas trente-six endroits pour cacher la nourriture et la jeune femelle avait très vite appris qu'il n'y avait qu'un très petit nombre d'hypothèses, un petit nombre de caches sous lesquelles la nourriture pouvait se trouver, et elle la trouvait très rapidement. Il y avait en outre deux jeunes mâles, il faut bien le dire, très bêtes, qui n'arrivaient jamais à en trouver mais qui avaient parfaitement remarqué l'efficacité de la femelle. Alors ils la suivaient, et dès qu'elle découvrait la nourriture, ils lui envoyaient une paire de gifles et se servaient à sa place. La guenon pleurait et manifestait tous les signes de la détresse la plus extrême. Mais cela ne dura pas longtemps et elle apprit très vite à feindre de chercher de la nourriture sous des pierres où il n'y en avait pas. Alors les deux mâles méfiants qui la suivaient de très près se dirent sans doute : " cette fille est complètement idiote ", et ils la laissèrent. À ce moment-là, elle filait comme l'éclair vers la nourriture qui était cachée à l'endroit qu'elle avait bien remarqué et elle l'avalait précipitamment sous le regard ébahi des deux jeunes mâles. Il s'agit là d'une stratégie impliquant réflexion.

Nous avons d'autres exemples de la réflexion chez les chimpanzés, exemples assez élaborés qui ne sont point des comportements induits par de subtils artifices expérimentaux, mais qui se sont développés tout seuls dans des conditions presque naturelles. Cela a donc une certaine importance.

Je me souviens avoir raconté à mes élèves, car pendant pas mal d'années j'ai essayé de faire rentrer quelque peu de biologie dans la tête de psychologues et sociologues, le couplet qui nous était familier et selon lequel l'homme est la plus cruelle des bêtes qui existent à la surface de la terre, alors que les singes par contre, les chimpanzés, quelle douceur de mœurs ! C'est si extraordinaire que l'on ferait bien de prendre modèle sur eux. Eh bien, je dois dire que c'était une grosse sottise parce qu'on a découvert, avec effarement, la cruauté chez les chimpanzés, une cruauté épouvantable dirigée contre eux-mêmes. Par exemple dans une troupe de chimpanzés, de jeunes mâles se taisent tout d'un coup et ne font plus de bruit. C'est assez rare chez les chimpanzés. Ils mijotent donc quelque chose. Que cherchent-ils ? Ils cherchent une autre troupe de chimpanzés qui a plus ou moins transgressé leur territoire. Si elle n'a pas transgressé, ils vont s'arranger pour trouver soit un vieux, soit une mère avec son petit. Ils se jettent dessus, la déchirent, démembrent le petit sous les yeux de la mère, arrachent de grands lambeaux de peau sur le dos de la mère et essaient de les manger. Les chimpanzés sont carnivores, mais jusqu'à présent ils ne paraissaient pas cannibales. Ils essaient tout de même de mâcher la viande qu'ils ont arrachée. Ils peuvent ensuite revenir pour achever le petit qui respire encore, sous les yeux de sa mère. Miss Goodall nous dit que c'est un spectacle absolument insoutenable, et en quelque sorte gratuit, car ces chimpanzés ne sont pas maigres, ils ont de la nourriture et ne sont pas poussés à se dévorer entre eux par les ravages de la famine. Alors, pourquoi font-ils cela ? Pourquoi les hommes sont-ils cruels ? Pourquoi les chimpanzés le sont-ils aussi ? Pourquoi les primates manifestent-ils des tendances aussi épouvantables ? Je dois cependant préciser que ce n'est pas réservé aux primates et que d'autres mammifères montrent très souvent une terrible cruauté.

Que faut-il conclure de tout cela ?

Tout d'abord, que l'on ne peut pas conclure. Que simplement les ethnologues, (c'est un lapsus, mais il a un sens), les primatologues qui étudient les singes en pleine nature ont très souvent l'impression de faire de l'ethnologie. C'est-à-dire d'étudier une tribu humaine primitive. D'un point de vue intellectuel, nous sommes supérieurs aux singes, et personne n'a jamais dit le contraire. Enfin plutôt : un grand nombre d'entre nous sont supérieurs aux singes, un certain nombre parfois se montrent inférieurs, mais statistiquement, il y a quand même une certaine supériorité des hommes sur les singes. Du point de vue que j'appellerai affectif, du point de vue des émotions élémentaires qui gouvernent le comportement chez les singes et chez l'homme, il existe une très grande parenté. On reconnaît incontestablement le comportement de certains singes comme nôtre et les chimpanzés reconnaissent parfaitement le comportement humain. Je voudrais rappeler un exemple tout à fait curieux à cet égard, que racontent les Hayes, un couple de primatologues célèbres du siècle passé. L'homme et la femme avaient une guenon qui s'appelait Vicky et qui vivait avec eux dans le laboratoire. Un jour que les Hayes s'étaient querellés, la guenon se réfugia en tremblant de tous ses membres, parce que le grand mâle avait haussé sa voix et avait montré les dents. Elle s'était dit, comme chez les singes, “ il va me mordre ”, et elle s'était donc réfugiée à l'écart. Monsieur est allé bouder dans un coin, Madame dans un autre et la guenon dans un troisième. Tout d'un coup, la guenon approche à pas de loup, si j'ose dire, tire l'homme par la main et met la main de l'homme dans la main de la femme. C'est le geste de la réconciliation chez le chimpanzé. Eh bien croyez-moi, les Hayes ont été assez secoués et dès lors ont cessé de se disputer. C'est extrêmement impressionnant.

Quand un chimpanzé se voit querellé par un autre, il essaie de lui embrasser la main ou le pied et généralement, le supérieur qui a querellé un inférieur se laisse séduire par ce geste de soumission. Le baiser existe aussi chez le chimpanzé, alors que ce sont semble-t-il des gestes typiquement humains.

Quand deux chimpanzés se rencontrent, ils se donnent la main. Ce n'est pas réellement une poignée de mains, leurs doigts n'ayant pas exactement la même position que les nôtres, mais ils se donnent la main. Les gestes élémentaires sont les mêmes que chez nous, ce qui rend l'étude des chimpanzés si attachante et si étonnante par moment. Et non seulement la parenté est saisie par nous, mais elle est saisie aussi par l'autre partie, par l'autre primate qui nous contemple avec beaucoup d'intérêt.

Naturellement, ce que j'ai dit procède d'une simplification épouvantable. C'est bien plus compliqué que cela en réalité, mais il est difficile de résumer les innombrables livres, les bibliothèques qui depuis vingt ans sont publiés sur les singes, spécialement par les Américains, car je dois dire qu'en ce qui concerne l'étude des grands singes, notre pays malheureusement est très en retard. Non pas par un défaut d'équipement, parce que mon maître le Professeur GRASSÉ avait fondé au Gabon une station d'observation avec une île peuplée de chimpanzés. L'accès à cette île étant d'ailleurs assez délicat, parce que les chimpanzés ont des jeux particuliers. Ils se perchent par exemple sur une branche à trois ou quatre mètres de haut et en guise de témoignage d'amitié, sautent sur le malheureux humain qui passe à côté. À la chute de soixante kilos de chair de chimpanzé de trois mètres de haut, l'échine du singe résiste quelquefois, mais l'échine humaine assez peu. Il faut donc faire très attention aux plaisanteries assez scabreuses qu'ils peuvent inventer. Nous avions donc des facilités assez considérables pour l'étude des chimpanzés mais je dois dire que je ne connais pas, actuellement, de jeunes Français qui travaillent sur eux.

Je voudrais maintenant aborder mon vice favori qui est l'étude des *sociétés* d'Insectes. Je mets le mot société en italique, et me demande même si on a le droit de parler de société. Voilà les faits : un chimpanzé cela peut s'étudier isolément. Leur vie naturelle est une vie sociale mais on peut quand même les étudier séparément, d'autant plus qu'ils adoptent très facilement l'homme comme compagnon. La fourmi et l'abeille peuvent aussi s'étudier isolément mais ce qui est très curieux, c'est que, à l'état isolé, même si elles boivent et mangent, elles meurent rapidement. J'ai passé beaucoup de temps à étudier cela et je peux dire, très schématiquement, qu'il existe chez l'abeille tout au moins, une certaine hormone, que j'appellerai vraiment une hormone sociale, car elle n'est sécrétée par l'abeille que sous l'influence des stimulis du voisinage, ce qui lui permet de survivre. Cette hormone nous l'avons découverte et lorsque nous l'administrons à l'abeille isolée, elle survit. Si nous ne la lui administrons pas, elle meurt. C'est donc un mécanisme tout à fait différent de ce que nous avons vu chez les singes. De plus, beaucoup d'auteurs ont envisagé la théorie du super-organisme, selon laquelle les fourmis, les abeilles, les termites, ne seraient pas une véritable société mais plutôt un organisme. Il y a des arguments très troublants pour soutenir cela, mais la réflexion récente d'un collègue anglais m'a personnellement beaucoup frappé : si nous avions vu des singes hacher des feuilles par dizaines de kilos et ensuite cultiver dessus un champignon sur des dizaines de mètres carrés, nous leurs aurions envoyé une ambassade dans le but de nous renseigner sur leur technique. Or, c'est une fourmi qui le fait. Ce sont les fourmis champignonnistes qui cultivent des champignons à l'état de cultures pures en jardins souterrains sur plus de 200 mètres carrés. Le même Anglais nous dit : si nous voyions des chimpanzés découvrir de la nourriture et renseigner leurs amis sur l'endroit où se trouve cette nourriture au moyen d'une danse codée, la danse indiquant la distance par le nombre d'évolutions par minute et la direction à l'aide d'entrechats particuliers signalant cette direction, nous dirions : " extraordinaire, c'est un système de signalisation tout à fait étonnant ". Oui, mais c'est l'abeille qui le fait, ce n'est pas le chimpanzé, et dieu sait si on l'a cherché de tels comportements chez le chimpanzé. Ce mode de communication aussi élaboré n'existe que chez l'insecte.

Alors, d'ores et déjà, nous devons faire une réflexion assez étrange dont je suis très fier en tant que myrmécologue, c'est que la nature, au point de vue quantitatif bien entendu, n'a pas tant joué sur les mammifères que sur les insectes. Elle a en fait joué sur une immense quantité d'espèces d'insectes (il y a beaucoup plus d'espèces de mouches en France, que d'espèces de mammifères sur la surface de la terre), avec par exemple des différences de taille bien supérieures à celle qui sépare la souris de l'éléphant. On ne le voit pas parce que c'est petit, mais la petitesse n'est pas une objection valable et, d'un autre côté, les modèles d'activité sociale les plus élaborés que nous connaissions se trouvent chez les insectes, et non chez les primates. Les modes d'élaboration et de transmission de l'information les plus étonnants que nous connaissions se trouvent également chez les abeilles et probablement aussi chez les fourmis. Comment cela se fait-il ? Il semble en fait que le fleuve du psychisme n'ait pas eu une seule direction. Nous savons que le cerveau s'est développé chez les primates, qu'il a acquis chez l'homme une importance tout à fait extraordinaire — c'est une banalité que de dire cela — mais il semble que la nature ait cherché à différentes étapes, séparées quelquefois par des millions d'années, à développer un gros cerveau. Il ne faut tout de même pas oublier que les dauphins, avec leur gros cerveau qui, par rapport au poids du corps, a un rapport équivalent au cerveau humain, ont autant de cerveau par kilo de corps que nous. Je sais que le poids du cerveau est un indice grossier et qu'il ne faut absolument pas se baser là-dessus, mais tout de même leur comportement lui aussi est tout à fait extraordinaire et l'on commence à peine à le déchiffrer. Or les dauphins ont acquis ce cerveau vingt-cinq millions d'années avant nous. De plus, je ne sais pas si vous êtes de mon avis, mais il me semble qu'une moule ou qu'une huître n'ont pas un comportement très élaboré, par contre un autre mollusque céphalopode, la pieuvre, a un énorme cerveau avec une sorte de main sous forme de tentacules, et dont elle se sert comme d'une main. Si vous êtes habitué à nourrir une pieuvre dans un aquarium, lorsque vous arrivez, elle se précipite vers votre main et vous caresse doucement le bras de ses tentacules. Certains disent que c'est agréable... Mais si vous lui donnez un bocal dans lequel vous avez mis un crabe, la pieuvre va délicatement déboucher le flacon, saisir le crabe et le croquer, alors qu'elle n'a probablement jamais vu de flacon, que le flacon n'est pas un objet habituel de l'environnement des pieuvres, surtout un flacon transparent . Elle a cependant presque tout de suite compris ce que c'était, en regardant de ses yeux bizarres qui ont la même architecture que les yeux d'un mammifère, ce qui est très curieux. Un regard de pieuvre est un des regards les moins rassurants que je connaisse. Mais peut-être trouve-t-elle que notre regard a quelque chose d'inquiétant lui aussi ?

Le psychisme s'est également développé dans d'autres directions, je pense aux oiseaux. Les oiseaux font des choses qu'aucun primate ne sait faire : par exemple, la couture et la vannerie. Dans le temps on disait : oui, mais c'est l'instinct, cela n'a aucune espèce d'importance ! Et puis on a appris a être beaucoup plus prudent en employant les mots d'instinct et d'intelligence. Dire d'une activité qu'elle est instinctive ce n'est pas l'expliquer. Les oiseaux connaissent la couture, la vannerie, ils connaissent tous les nœuds marins et bien d'autres choses encore. Comment font-ils ? Une explication : leur cerveau est micro-miniaturisé, c'est-à-dire que les cellules nerveuses sont beaucoup plus nombreuses que les nôtres pour le même volume, et il n'y a pas de cellules gliales à l'intérieur, ces cellules de soutien très abondantes chez les mammifères. Ainsi, dans un petit crâne d'oiseau, il y a beaucoup plus de cellules que dans un crâne de mammifère et leur comportement est en accord avec cela.

Il y a bien sûr aussi les insectes sociaux. Là, il n'y a pas moyen, même en micro-miniaturisant, de mettre beaucoup de cellules dans un crâne de fourni. La nature s'en est tirée en combinant l'action de différents petits cerveaux. Dans une fourmilière de fourmis rousses se trouve un million de cerveaux. Un calcul extrêmement grossier montre que si l'on additionnait tous ces petits cerveaux on arriverait à une masse de vingt grammes, c'est-à-dire tout de même beaucoup plus qu'un cerveau de rat. Et elles tirent de l'association de ces petits cerveaux des résultats étonnants, par exemple un mode d'expression comme *la danse des abeilles* et l'apparition de l'agriculture. Car comment voulez-vous que j'appelle autrement la culture des champignons par les fourmis champignonnistes du Brésil, dont j'ai d'ailleurs en ce moment au laboratoire un élevage qui me dévore cinq kilos de feuilles de ronces par semaine ? Cinq kilos, c'est à peine croyable pour une population de trois cent mille fourmis, ce qui est très peu.

Nous observons donc chez les fourmis l'apparition de l'agriculture, ainsi que de l'élevage du bétail. Ce n'est pas du tout une figure de style, nos fourmis soignent des pucerons qui vivent en haut des arbres, une espèce de puceron qui d'ailleurs ne cause aucun dommage particulier à l'arbre. Elles les élèvent simplement pour en tirer deux choses : d'abord de la viande, elles les mangent comme nous mangeons la chair de nos bestiaux ; ensuite elles sucent leurs excréments qui ne sont ni plus ni moins que de la sève élaborée. Alors pour vous donner une idée de ce que cela représente, il faut savoir que chez les pucerons — elles sont toutes femelles, car parthénogénétiques, les mâles n'apparaissant qu'à certaines époques de l'année — une femelle de puceron émet généralement un petit vivant toutes les heures, et le petit est capable de se reproduire lui-même au bout de quelques jours. Avec cette progression géométrique, s'il n'y avait pas de mécanisme de freinage, il y a longtemps que les arbres seraient épuisés par une croûte énorme de pucerons et que nous n'aurions plus rien à manger. Mais il existe une foule d'animaux qui broutent les pucerons, comme les vaches broutent l'herbe, et en particulier les fourmis. Les fourmis mangent leur chair et les traient, si j'ose m'exprimer ainsi, comme nous trayons une vache, c'est-à-dire en excitant leur partie postérieure avec les antennes. Le puceron émet alors une goutte de liqueur sucrée. Pour fixer les idées, il faut à une fourmilière environ deux cent litres de cette sécrétion sucrée par an. Nous tenons cela de travaux extrêmement précis de chercheurs allemands qui ont examiné les fourmis qui grimpaient aux arbres à la recherche des pucerons. Il est très facile de voir que celles qui montent sont *maigres* et que celles qui descendent sont *grasses*. On pèse alors distinctement ces deux groupes et l'on voit par kilo de fourmis combien elles peuvent récolter de liqueur sucrée. On arrive à des chiffres effarants. Un seul érable, par exemple, peut donner chaque année vingt kilos de cette liqueur sucrée, par l'intermédiaire du puceron. Puisqu'on parle d'érable, les fourmis ont dépassé de quelques millions d'années les Canadiens qui, à la fin de l'hiver, enfoncent une canule dans le tronc des érables pour récolter une liqueur faiblement sucrée (le maple syrup), la même que les pucerons vont extraire quelques mois plus tard. Enfin, les fourmis protègent même les pucerons contre leurs ennemis, et dans certains cas, elles édifient une sorte d'étable de terre battue, dans laquelle elles emprisonnent certains pucerons. Comment appeler ceci ? C'est évidemment de l'élevage. Alors, pourquoi est-ce apparu chez les fourmis et pas chez les chimpanzés ?

De plus, mais je ne sais pas si c'est une preuve de supériorité, les fourmis sont parmi les rares animaux qui connaissent l'art de la guerre, si elles ne sont pas les seules. Et elles ont des guerres systématiques. Dans les troupes de hyènes, et même chez les chimpanzés, il existe des mouvements qui ressemblent assez à la guerre, cependant, chez les fourmis rousses de nos bois, nous constatons une stratégie élaborée, avec des reconnaissances, des champs de bataille précis durant quelquefois des journées et des semaines entières, avec des fourmis de même espèce qu'elles, et les fourmis mortes sont emportées pour être dévorées. Il y a donc une utilisation des vaincues, ce qui chez les hommes, sauf chez les anthropophages, n'est pas beaucoup pratiqué. Savez-vous que les Maoris, lorsqu'ils se faisaient la guerre, se lançaient en guise d'injures, des recettes de cuisine, en disant : “ tu vas voir comment je vais manger la viande de ton dos tout à l'heure quand je t'aurai tué ”. C'est d'ailleurs ce qui se faisait. C'est une méthode rationnelle d'utilisation des vaincus, si j'ose m'exprimer ainsi, que les fourmis pratiquaient déjà...

Enfin, les fourmis se droguent. Et ce sont vraisemblablement les seuls animaux à se droguer. Il existe une toute petite bête que l'on appelle *lomechusa,* du nom d'une célèbre empoisonneuse de la cour de Néron, qui, pénétrant dans une fourmilière, présente aux fourmis qui se précipitent pour l'éjecter, sa partie postérieure où quelques poils sécrètent une liqueur intoxicante dont raffolent les fourmis. À partir du moment où une seule loméchuse est entrée, la fourmilière est morte, parce que les fourmis ne vont plus penser qu'à une chose : sucer les poils de la loméchuse. Voir une fourmi tituber, n'arrivant pas à se soutenir malgré ses six pattes, est un spectacle tout à fait étrange. La loméchuse va pondre ses oeufs au milieu des fourmis, les jeunes larves vont dévorer les œufs de fourmis dès qu'elles seront écloses et les fourmis, loin de les en empêcher, vont nourrir les jeunes larves de loméchuse comme s'il s'agissait de leurs propres larves.

Finalement la fourmilière périclite et les loméchuses en sortent pour aller en chercher une autre. Il y a au moins six cents espèces de ces parasites de fourmis qui se servent soit de moyens intoxicants, soit de n'importe quel autre moyen pour vivre aux dépend des fourmis.

Venons-en maintenant, pour conclure, au mystère le plus étrange que l'on ait rencontré chez les insectes. On a bien des fois fait allusion à la théorie du super-organisme en disant : ce n'est pas vraiment une société, mais plutôt une sorte d'organisme, une sorte de cerveau éclaté que nous voyons agir sous nos yeux. C'est une comparaison intéressante sur certains rapports mais qui ne l'est pas sur d'autres. Par exemple elle n'explique pas l'agriculture, ni toute une série de comportements, mais pour d'autres, la question se pose d'une manière très précise, et en particulier pour cette expérience que j'ai faite il y a une trentaine d'années et que je n'ai jamais comprise. Les abeilles font des rayons de cire, des rayons parallèles. Si, comme nous sommes un peu sadiques dans ce métier-là, et dans le but de les ennuyer, nous mettons, entre les rayons parallèles, un petit rayon de cire perpendiculaire, il va se produire un phénomène assez curieux : la température de la ruche qui est très précisément de trente-deux degrés et aussi sérieusement réglée que la température de notre corps, s'élève tout à coup à quarante degrés, et une série d'abeilles vont s'accrocher les unes aux autres par les pattes pour former ce que l'on appelle des chaînes cirières, encadrant en quelque sorte le petit morceau de cire perpendiculaire. Puis d'autres chaînes d'abeilles s'accrochent aux premières pour former une sorte de treillis aux mailles irrégulières. En se servant du cinéma, et en accélération, on s'aperçoit de déformations apparemment anarchiques des mailles du treillis, puis, peu à peu, le petit rayon de cire perpendiculaire se tord, et au bout de deux heures, dans

100 % des cas il devient parallèle. Le problème est le suivant : qui a décidé quoi ? Cette question a-t-elle simplement un sens ? En effet, chez les abeilles il n'y a pas de chef. Qui a été averti de quoi ? Qui a été averti de l'anomalie ? Est-ce que le mot avertir a un sens ? Est-ce que " qui ", est-ce que " quoi " a un sens ? Le langage se refuse à exprimer ce qui s'est passé, mais incontestablement, ce qui agit là-dedans c'est le treillis des abeilles. J'ai publié cela il y a bien des années et je n'étais pas très fier de ma conclusion parce qu'elle ne me permettait pas d'avancer. Puis dernièrement, il y a deux ans, j'ai eu l'occasion de m'intéresser aux derniers ordinateurs à neurones artificiels. En deux mots, et je prie les informaticiens d'excuser ma simplification, vous prenez ces petites puces de silicium vous les reliez entre elles par toute une série de connections. Cela nécessite deux conditions : il faut qu'il y en ait beaucoup et il faut qu'il y ait énormément de connections. Il faut que toutes les puces soient reliées à toutes les autres par un lacis aléatoire. Eh bien on a découvert que ce lacis ainsi constitué avait des propriétés, qu'il était susceptible d'apprentissage et de mémoire. La mémoire de cet apprentissage est diffuse dans l'ensemble du réseau. Elle n'est pas localisée à un point précis, comme dans nos ordinateurs habituels et, même si vous prenez une paire de ciseaux et que vous coupiez une partie des connections anarchiques ainsi constituées, il ne va rien se passer, tandis que si vous faites cela dans votre ordinateur de type habituel, il sera tout simplement hors d'usage.

J'aurais donc, pour la première fois, une analogie, peut-être assez grossière, mais tout de même assez précise, avec ce qui semble se passer dans le lacis de mes abeilles lorsqu'elles tordent un rayon de cire perpendiculaire. C'est dans ce sens que l'on pourrait penser que la métaphore du super-organisme n'est peut-être pas tout à fait une métaphore. Que si les cellules de notre cerveau avaient de petites pattes, allaient se promener dans tous les sens et ne se réunissaient ensemble que dans les grandes occasions, on aurait quelque chose qui ressemblerait assez à ce qui se passe dans la fourmilière. C'est évidemment une comparaison assez grossière.

Alors, au bout de cinquante-deux ans de travaux sur ces matières, je suis un peu plus ignorant qu'au début, mais j'ai fait un grand progrès parce que je me rends mieux compte de mon ignorance. En tout cas, ce qui reste aussi vif qu'au moment où je suis entré pour la première fois dans le laboratoire, moment qui a été un grand jour dans ma vie, où j'ai revêtu pour la première fois la blouse blanche qui est notre uniforme, nous autres hommes de science, je ressens encore comme au premier jour l'étonnement devant cette nature si mystérieuse. BAUDELAIRE en avait une intuition extrêmement juste quand il disait :

" *L'Univers est un temple ou de vivants piliers*
Laissent parfois filtrer de confuses paroles
L'homme marche à travers la forêt des symboles
Qui l'observent avec des regards familiers. "

DISCUSSION

(Modérateur : Claude Bensch)

Claude Bensch. — On utilise beaucoup le terme d'éthologie, et, de temps en temps, indifféremment *éthologie animale* et *éthologie humaine*. Cela me choque un peu, car l'éthologie est l'étude du comportement des êtres vivants, de tous les êtres vivants et cela devrait suffire, sans y adjoindre de nuances ! Je suis toujours à la recherche d'une limite entre ce qui est *humain* et ce qui ne l'est pas, entre éthologie humaine et éthologie animale. Pour essayer de recentrer le débat, je ferai une remarque qui est aussi une question. J'ai beaucoup aimé les propos de Monsieur Morin mais j'ai peu apprécié le biais qui consiste à dire : je m'intéresse au noyau dur, mais l'étrange, les limites, les brumes du Nord, c'est un pays qui ne doit pas être exploré. Je ne sais toujours pas ce qu'est une *société* et ce qui la différencie de ce qui n'est pas une société, comme j'ignore encore ce qui fait la limite humain/non-humain. Nous avons eu tout à l'heure un exposé brillant qui nous a convaincus qu'entre un chimpanzé et un homme en société, nous avons plus que des analogies, mais je n'ai pas compris s'il s'agissait de réhabiliter l'homme pour dire qu'il était aussi malin qu'un chimpanzé ou réhabiliter le chimpanzé pour dire qu'il était aussi intelligent qu'un homme. Le problème qui m'intéressait dans ce discours était de bien savoir quand, dans une étude de groupements vivants, on peut parler *d'individus* et

lorsqu'il faut parler de *sociétés*. Qu'est-ce qui fait la différence ? Là, je n'ai pas encore de réponse.
Par ailleurs, je trouve extrêmement difficile, sans avoir pris certaines précautions, de comparer un état supposé social chez un insecte et chez un poisson, chez un mammifère, chez des oiseaux, alors que nous avons des formes de vie qui évoluent depuis des temps totalement différents. Cela m'amène à une question : est-ce qu'une société est un groupement d'individus ? Ou bien est-ce que pour parler de société cela nécessite une certaine relation entre les individus et leur milieu, leur environnement ? Si nous prenons des organisations libres comme les cœlentérés (les méduses), ou fixées, comme les coraux, nous avons des groupements qui occupent des volumes fabuleux, mais pour autant avons-nous là des sociétés ? Nous savons que les formes les plus élaborées des cœlentérés, les méduses, sont des animaux extraordinaires, en diamètre, en volume, mais qui ne sont que des groupements d'individus qui constituent... quoi au juste... ? un organisme ? une société ? un organisme social ? une société organisée ? une protosociété ? ou ont-ils raté le virage vers la forme " société " ? Si nous prenons les insectes, nous nous rendons compte que ce sont les formes animales qui, après les cœlentérés, évoluent depuis le plus longtemps, des centaines de millions d'années, et que c'est chez ces insectes-là que nous trouvons des sociétés, ce que nous appelons de vraies sociétés. Prenez ensuite les oiseaux, vous y trouvez des formes de groupements différents, et pour certaines, nous disons " société ". Ma question est celle-ci : est-ce que le phénomène social est ou non un but, un motif commun à tous les êtres vivants ? Est-ce qu'une forme vivante, lorsqu'elle a atteint son plan d'organisation et que ce plan d'organisation évolue, va obligatoirement, à partir d'un certain nombre de centaines de millions d'années, se concrétiser sous une forme que l'on appellera, de l'extérieur, société. Dans ce cas-là, pourquoi les gastéropodes n'ont-ils pas tout à fait abouti à des sociétés ?
Si cette hypothèse est vraie, c'est-à-dire si obligatoirement lorsqu'un plan d'organisation biologique s'est établi dans le temps, il ne peut qu'évoluer vers cette forme dite de société, alors, dans un esprit socio-biologique, quel est l'avantage évolutif de cette forme et quel peut être l'aspect de cette forme ? Grâce à Monsieur CHAUVIN, nous avons eu deux exemples d'évolution différents : des unités de plus en plus frustes mais de plus en plus nombreuses qui, par cette association, vont donner un organisme social éminemment efficace, abeilles, fourmis, etc. ou bien, à l'inverse, des individus de plus en plus complexes, de plus en plus armés sur le plan nerveux, de plus en plus puissants individuellement, qui par le jeu des autres comportements, des agressions entre individus

de plus en plus forts, de moins en moins soumis les uns aux autres, et donc de moins en moins nombreux. Ceci m'amène à dire que lorsque l'homme développe ses sociétés, va-t-il arriver, en 1995, en 2000, 2050, à une société immense, avec une population fabuleuse, chaque individu entièrement soumis aux autres dans un jeu de contraintes réciproques, ou bien à l'inverse, est-ce que nous allons vers une société dont nous voyons l'amorce et qui, par des moyens variés, parce qu'elle a eu peur du sida, parce qu'il n'y a pas assez à manger, parce qu'il y a le chômage, parce qu'il n'y a pas de travail pour tout le monde, cette société va se réduire en nombre d'individus, d'une façon biologique, comme cela arrive chez les lemmings, les souris, les poissons ? Nous sommes dans une phase de réduction de l'importance de la société alors que chaque individu connaît une exagération fabuleuse de ses moyens cérébraux. Notre vitesse d'évolution ne permet plus que l'évolution soit somatique, elle se fait alors en dehors de l'organisme par l'intermédiaire des machines qui évoluent à sa place, c'est-à-dire une société de quelques individus d'une super-puissance parce qu'avec le super-ordinateur. Et voilà encore ma question à Monsieur Chauvin : la société, au juste, qu'est-ce que c'est ?

Michel Lamy. — Il y a un an, nous avons réfléchi sur le concept de langage et nous avons été un peu frustrés, nous, biologistes, parce qu'on est très rapidement passés du langage cellulaire au langage humain en gommant toute cette palette du monde vivant qui est très riche en systèmes de communication et dont l'homme a peut-être tiré parti, par exemple les phéromones, et en particulier les phéromones de l'espèce humaine. Avec les insectes bien sûr. Vous avez rapidement retracé cette histoire des phéromones qui sont un élément important de la structuration des sociétés et des systèmes de communication. Les phéromones font partie intégrante de ce système, et dans les sociétés humaines. Vous avez rappelé deux exemples très classiques de la littérature, celui des jeunes filles dans les pensionnats, et l'effet maternel dont parle Hubert Montagner. Je rappellerai une autre formule que l'on entend beaucoup et qui nous permet de dire finalement si oui ou non il y a des phéromones chez l'homme. Je dis clairement oui pour une raison simple : nous utilisons cette expression *ne pas pouvoir sentir quelqu'un*, c'est une expression que j'ai été très content de retrouver citée par Eilb-Eibelsfeld dans son livre d'éthologie. Il est vrai que ce n'est pas un argument scientifique mais c'est assurément la marque de l'existence chez l'homme d'un système de communication, peut-être inconscient, par des phéromones. Ces phéromones constituent en fait un système de communication extrêmement important dans la structuration des sociétés,

qu'il s'agisse du monde des insectes ou de l'ensemble du monde vivant. À mon avis, on doit les trouver chez l'homme. Je suis convaincu qu'elles existent et sont un des éléments qui ont permis le regroupement en particulier dans les sociétés primitives.
Chez les invertébrés, ce sont les insectes qui ont le mieux réussi leur vie sociale en développant des systèmes extrêmement performants. En fait, je suis en train de dire que l'homme n'a rien inventé, c'est une formule que j'utilise volontiers et sur laquelle je médite beaucoup. Les insectes nous offrent de nombreux exemples qui vont dans ce sens et les éthologistes qui travaillent sur le terrain en recueillent de plus en plus.
Deuxième aspect, c'est une question qui concerne le super-organisme dont a parlé Rémy CHAUVIN. La société d'insectes comme super-organisme pose le problème suivant : quand les embryologistes regardent la formation du système nerveux, ils constatent que ce système est formé au départ d'une quantité de cellules dont un certain nombre vont mourir. Un certain nombre sont gaspillées, tuées, on n'en connaît d'ailleurs pas trop les mécanismes. Il va cependant en rester un nombre important pour restructurer le système et arriver à la configuration du cerveau tel que nous le connaissons chez les vertébrés et chez l'homme. Cette mort cellulaire m'amène à une question : si Rémy CHAUVIN et un certain nombre de chercheurs considèrent les sociétés d'insectes comme des super-organismes, individus interconnectés les uns avec les autres, est-ce que la mort est aussi un élément structurant de ces sociétés ? Car dans la structuration d'un cerveau, puisque vous avez comparé votre fourmilière à un super-organisme type cerveau, est-ce que la disparition d'un certain nombre de cellules va interférer sur son fonctionnement ? C'est un peu comme le sculpteur qui retire à la matière ce qui ne l'intéresse pas. Ensuite nous admirons la sculpture, mais tout le superflu a été littéralement gommé. Ma question est donc la suivante : dans votre super-organisme de l'insecte, et en particulier des fourmis, la mort programmée d'un certain nombre d'individus sert-elle à quelque chose ?

Rémy CHAUVIN. — Pour une société d'abeilles ou de fourmis, la mort n'a pas de sens. Comme dans les ordinateurs neuronaux dont j'ai parlé tout à l'heure, si vous supprimez une partie quelconque de la fourmilière ou de la ruche, qu'arrive-t-il ? Il n'arrive rien du tout parce que l'inexorable machine continue à tourner et c'est même l'une des raisons pour lesquelles les fourmis sont si ennuyeuses. Tant que vous n'avez pas démoli la machine reproductrice, c'est-à-dire la reine, vous n'avez rien fait. Immédiatement, les pertes sont compensées. Une série d'activités qui manquaient sont immédiatement remplacées par les petits robots que sont les machines qui forment les abeilles ou les fourmis. Si vous supprimez par différentes techniques expérimentales toutes les butineuses d'une ruche d'abeilles par un système de pièges ou de chicanes, dans les heures qui viennent, une série d'autres abeilles qui étaient encore trop jeunes pour aller butiner, vont voir leur processus biologique s'accélérer, et elles vont sortir avant la date normale. Pour la ruche ou pour la fourmilière, je ne dirais pas que l'individu n'a pas d'importance, il a au moins autant d'importance que les cellules de notre cerveau dont vous pouvez comme vous le savez retirer un certain nombre, mais il existe un phénomène de compensation immédiate, qui fait que la mort n'est pas un phénomène vraiment important. La mort de quelques individus n'est pas un phénomène important pour la société, si l'on peut appeler ça une société.

Lucette Mouline. — Monsieur Chauvin, il m'a semblé, à vous entendre, qu'il existait des sociétés animales fondées sur le pouvoir, et ce serait le cas des sociétés de primates, et d'autres, celles des insectes, où cette question ne paraît pas majeure, ou du moins fondamentale. C'est-à-dire qu'il n'y aurait pas nécessairement un insecte dominant qui déterminerait une structure et ce serait à une autre échelle que se produirait l'assemblage, la cartographie des énergies et des dynamismes à laquelle aboutirait cette première mise en place des individus. J'aimerais savoir comment vous concevez la question du pouvoir chez les animaux. Est-ce que ça se réduit à une simple supériorité physique ou même mentale, un individu mieux doué que les autres prenant en charge la mise en place de tout le groupe, ou bien est-ce qu'il y a une autre façon de définir cette notion ?

Rémy Chauvin. — C'est une question extrêmement intéressante et il faut en effet que je m'explique un peu plus à fond là-dessus. Nous allons distinguer : chez les primates, il existe quelques formes de pouvoir avec tout de même une restriction, ça ne se règle pas à coups de poing comme on le croyait dans le temps, c'est beaucoup plus subtil et il y a très peu de violence dans la société des chimpanzés à part les exemples de cruauté que j'ai cités. La plupart du temps, tout se règle par des clins d'œil plus ou moins impérieux et les violences physiques sont rares. Même lorsqu'ils utilisent la violence physique, par exemple lorsque des jeunes se battent, les vieux les calment ou très souvent chez les babouins, par exemple, les amènent devant le chef qui se contente de les regarder droit dans les yeux et de leur montrer ses impressionnantes canines et les jeunes se calment tout de suite et cessent de se battre. En quelque sorte, le chef *rend la justice*. Le pouvoir chez le chimpanzé, qu'est-ce que c'est ? C'est un pouvoir assez subtil, accompagné de simulacres de violence. Cependant il existe des manières de tourner le pouvoir. On dit malin comme un singe, je crois bien que c'est exact, il y a des singes plus malins que les autres qui se servent parfaitement de la ruse. Par exemple, quand un singe veut s'approprier un succulent régime de bananes gardé par un vieux singe d'un rang social plus élevé que lui, il va chercher deux de ses amis qui menacent le vieux, celui-ci se met à leur poursuite pendant que le premier singe s'approprie le régime de bananes. Et ils font cela très fréquemment. Le pouvoir est donc tempéré par la malice. Ça arrive aussi chez l'homme d'ailleurs.

Claude Bensch. — Dans certaines espèces, il y a effectivement des femelles dominantes qui pondent leurs œufs et qui en cas de besoin réduisent à la stérilité les autres femelles en enlevant les œufs pour mettre les leurs à la place. Chez les abeilles et chez les fourmis, c'est bien pire, le pouvoir s'y exerçant par le biais de l'intoxication, par les hormones que sécrètent les quelques sexuées qui empêchent les autres de se reproduire. De proche en proche les hormones des abeilles régissent une très grande part du métabolisme de l'ensemble du groupe.
Alors comment le pouvoir s'exerce-t-il dans le corps humain ? Je voudrais profiter de ma position pour ajouter quelque chose à la réponse de Monsieur Chauvin à Madame Mouline. Après avoir entendu votre question, je vois se glisser dans la société la notion du pouvoir, de la coercition et puis, pourquoi pas, un peu du pouvoir du mâle par rapport à la femelle et l'organisation d'une société patriarcale ou matriarcale avec évidemment ce poids fabuleux des guerriers puissants qui écrasent les pauvres femmes esseulées. Je voudrais profiter d'une réponse d'éthologue pour ajouter un complément et vous rappeler qu'en éthologie le pouvoir n'est pas forcément dans le sens de celui qui l'exerce vers celui qui le subit. Je veux dire par là que lorsqu'on dit d'un mâle il est fort, il est puissant, il attaque, il s'impose, on dit aussi, la femelle, elle, est astucieuse, elle éduque les enfants de telle et telle façon, elle s'impose, elle fait la promotion du mâle, le choix du reproducteur.
Il y a des exemples. Si on prend le cas, mal connu du public, qu'on appelle le *leking*, dans un certain nombre d'espèces, lorsqu'arrive le moment de la reproduction, les mâles s'organisent sur un territoire qui est en fait une mosaïque de petits territoires, puis se regroupent à un moment donné et les femelles visitent ces territoires et choisissent les mâles de la reproduction, comme dans un supermarché.
La question que se posent un certain nombre d'éthologues est la suivante : qu'est-ce qui provoque la formation d'un lek ? Quel est le mécanisme qui fait qu'à l'intérieur d'un lek, il y a des mâles qui s'assemblent ? etc. Il y a plusieurs hypothèses, certaines plus ou moins

vérifiées. Parmi ces réponses, il y en a une dont je voudrais me servir comme exemple complémentaire, c'est que les femelles du fait de leurs particularités génétiques, " culturelles ", ou liées à leur propre histoire, arrivent à distinguer un ou deux mâles dans un territoire donné et choisissent ce ou ces mâles-là. Les autres mâles qui n'ont pas les mêmes caractères ou qui les ont moins marqués, vont se grouper alentour et leur pourcentage de chances de reproduction augmente en conséquence. Alors, vu de l'extérieur, nous nous trouvons en face d'une pseudo et temporaire organisation sociale où nous pourrions dire qu'il y a un dominant mais il n'en est rien ! Il a peut-être une belle prestance qui a plu à quelqu'un, et c'est parce que le *pouvoir* lui a été donné en l'occurrence par les femelles qu'il prend cette importance d'élément organisateur. C'est donc un facteur inverse de celui que l'on évoquait jusqu'à présent. Je voulais préciser cela, car ce que l'on appelle le choix des femelles organise la société, les maîtres d'œuvre ne sont pas les mâles guerriers, mais les femmes.

Lucette Mouline. — Oui, je voulais faire remarquer que je n'avais absolument pas fait mention de sexe dans la question qui avait été posée.

Père Feder. — J'irai dans le sens de la question que vous avez posée tout à l'heure, Monsieur Bensch, sur l'approche d'une définition de la société. Edgar Morin a attiré notre attention sur le cas des macaques chez lequel un phénomène d'acculturation se produisait. Alors, je me demande si c'est déjà de l'acculturation, parce que c'est de l'ordre de la technique, de l'intérêt immédiat qui peut devenir collectif par une communication de l'exemple, comme vient de le redire Rémy Chauvin. Mais je me demande s'il ne faut pas faire intervenir la notion de valeur dans une société pour savoir à quel moment il peut y avoir aculturation. Et quand je parle de valeur, je ne penche pas directement vers les valeurs de foi religieuse ou les valeurs rituelles, ni vers les valeurs morales au sens habituel du catéchisme, je parle de tout ce qui est estimatif, tout ce qui a un aspect, non pas purement intéressé, mais contemplatif. Est-ce qu'il existe par exemple chez les animaux des manifestations ne serait-ce que de danse, pour le plaisir du jeu ? La seule approche d'une valeur qui m'est apparue intéressante de la part d'un animal, c'est l'histoire bouleversante de ce chimpanzé qui a mis la main de l'époux dans la main de l'épouse. On a l'impression que la paix, Dieu sait que c'est une valeur pour notre société, est peut-être considérée par le chimpanzé indépendamment de sa peur à lui. C'est là qu'on s'aventure vers autre chose que l'émotion simplement produite par ses neurones. En fin de compte, c'est un problème extrêmement actuel, en matière de société. Je dis que les problèmes d'acculturation qui visent seulement chez les animaux la technologie, ne sont pas à mon sens les véritables créateurs d'une société d'une certaine profondeur. Pour moi, la société existe à plusieurs niveaux superposés, s'intégrant les uns les autres, mais une société d'un certain niveau nécessite des estimations de valeurs. Or, justement, le problème se pose pour notre société actuelle, pour notre éducation, et nous le constatons tous les jours, une part de plus en plus considérable est faite à la formation des jeunes dans le domaine technologique et de moins en moins en ce qui concerne la culture des valeurs.

Rémy Chauvin. — C'est une question très intéressante et très importante : est-ce qu'il apparaît chez les primates quelque chose qui ressemblerait à une activité pas directement liée avec la nourriture et le sexe ? Eh bien oui. Par exemple, je viens de citer les babouins pour lesquels la paix dans le groupe est une valeur positive. Lorsque les jeunes se battent, personne n'aime cela et le chef s'arrange, sans menace inutile, pour ramener la paix. Et qu'est-ce que la paix ? Ce n'est pas quelque chose en rapport direct avec la nourriture, ni avec le sexe, c'est quelque chose d'un petit peu particulier.

Chez les chimpanzés qui sont portés sur la " chose ", on a vu se produire un phénomène tout à fait étonnant, ce que l'on pourrait appeler de l'amour platonique : un jeune singe et une jeune guenon, gentils et très bien faits de leur personne, qui se tiennent toujours l'un auprès de l'autre sans jamais s'accoupler. Pour comprendre cela, on a fait pendant des mois l'étude statistique de l'endroit où se trouvaient les singes toute la journée et l'on a vu que certains étaient toujours côte à côte et d'autres jamais. Or, ceux-là étaient côte à côte et ne copulaient pas. On pouvait penser que quelque chose n'allait pas dans leur physiologie, mais ils copulaient avec d'autres. C'est un comportement que j'appellerai d'amitié entre deux animaux de sexe opposé, comportement observé aussi entre animaux du même sexe. C'est peut-être l'apparition de quelque chose de supérieur qui n'est pas en rapport direct et brutal avec la reproduction ou la nourriture. C'est une réponse extrêmement embryonnaire, c'est tout ce que je peux faire actuellement.

Robert Marty. — Pour moi, la définition de la société est extrêmement difficile à préciser en ce qui concerne le monde animal. On passe des foules aux sociétés et une foule est évidemment tout à fait différente d'une société. Dans une foule, il y a un attractif, et dès que cet attractif cesse, la foule disparaît. Il y a des sociétés qui se comportent peut-être comme des foules, et Michel Lamy l'a rappelé, tandis que dans ce que j'appelle les sociétés, il y a des réseaux de communication qui permettent d'ajouter à l'hérédité biologique stricto sensu une hérédité culturelle.

Je crois que dans le processus évolutif, deux grands phylums ont réussi : le phylum des insectes et le phylum qui aboutit à l'homme. Dans ces deux grands phylums, nous trouvons plus ou moins de réussite par rapport à ce phénomène de société. Je crois encore une fois que la société a l'avantage évolutif capital de la communication. Et selon la lignée évolutive dans laquelle on se trouve, la société est plus ou moins développée, plus ou moins aboutie. Mais, je le répète, la société fait tout simplement partie des systèmes de réussite évolutive. Alors, cela s'applique aux insectes, mais pas complètement, entre autres pour des problèmes de taille. Au niveau des hominiens, par exemple les Australopithèques, des conditions de milieu ont indiscutablement joué en faveur de l'évolution de cette organisation sociale, et des systèmes d'organisation grâce auxquels, comme le disait Michel LAMY, l'hérédité culturelle s'ajoute à l'hérédité biologique.

En ce qui concerne la genèse des valeurs, il faut rappeler qu'à partir des noyaux durs évolutifs, on n'aboutit pas à l'hominisation. C'est quelque chose de très progressif, et il y a une genèse des valeurs, comme pour les sociétés. Je poserai une question à Rémy CHAUVIN : que pensez-vous de la notion d'avantage évolutif des sociétés ?

Rémy CHAUVIN. — Cher Collègue, vous avez le don de poser des questions simples qui engendrent des réponses compliquées. Vous me demandez de définir, en quelques minutes, la société. Vous m'avez fourni vous-même les éléments de la réponse. Il y a évidemment tous les passages entre les rapports extrêmement stricts, extrêmement réduits entre les individus que les anglo-saxons tendent d'ailleurs à appeler société et les sociétés les plus compliquées, celles des primates, celles des insectes. Je crois que ce qui définit l'évolution des sociétés c'est la densité et la complexité des communications entre les individus. Par exemple dans les sociétés de fourmis un grand nombre de communications sont psychologiques, extrêmement serrées, bien plus serrées qu'entre les criquets par exemple où il y a une imitation sommaire des individus les uns par rapport aux autres. Ils se voient, ils s'envolent tous en même temps et se posent tous en même temps, mais ces communications n'ont rien de commun avec la densité des communications des sociétés de fourmis par exemple. Si on revient aux mammifères, il est évident qu'il y a des rapports sociaux, par exemple dans une troupe de loups et de chiens sauvages, rapports extrêmement compliqués, où l'on voit même apparaître quelque chose que l'on croyait n'exister que chez les insectes, l'échange de nourriture buccale. Qu'un chien vomisse sa nourriture, ce n'est rien moins qu'un comportement normal de chien. Les chiens sauvages dégorgent la nourriture à moitié digérée devant les femelles qui l'avalent, la digèrent un petit peu et ensuite la dégorgent devant les jeunes. Et ça c'est un comportement que l'on croyait réservé aux insectes. Mais les troupes de loups, à ma connaissance tout au moins, n'ont pas la communication d'une troupe de primates. Toutefois, ils ont une activité que connaissent les primates, c'est la chasse en groupe. Depuis peu on sait que les loups ont une chasse coordonnée où ils acculent par exemple un caribou dans un défilé sans issue et ils communiquent entre eux par des cris que les Indiens savaient déchiffrer. On pensait que les Indiens exagéraient un peu, mais depuis, on a enregistré les appels des loups, et ce sont des appels comparables à ceux d'une chasse à courre, simplement parce qu'il n'y a pas d'autre moyen de chasser en groupe sans faire cela.

Un autre point très intéressant, c'est l'apparition d'activité que l'on pourrait appeler *culturelles.* Un primatologue du début du siècle, Yerkes, élevait des chimpanzés dans l'île de Tenerife dans des conditions de liberté totale, c'est dire qu'il anticipait beaucoup sur Miss Goodall. Il vivait avec eux et avait remarqué une chose très curieuse : la danse des chimpanzés. À un certain moment — il prétendait que c'était au moment de la pleine lune, mais je ne suis pas très affirmatif, ses notes étant un peu obscures là-dessus — les chimpanzés se suivaient les uns les autres, en rond, et en frappant rythmiquement le sol de leurs talons. Quelquefois les femelles s'enduisaient la poitrine et les épaules de boue et essayaient maladroitement de se fixer une couronne de feuillages sur la tête. Yerkes a eu l'idée pour les observer de se mêler à la danse. Puis il essaya d'imprimer un rythme en dansant avec les chimpanzés. Les chimpanzés l'ont imité et cela leur plaisait tellement qu'ils allaient le chercher quand ils voulaient danser afin que l'homme se mêle à eux. Yerkes a dit qu'il a éprouvé avec les chimpanzés la sensation de communion la plus étrange de sa vie.

Qu'est-ce que cette danse ? C'est une activité qui n'a pas de lien direct avec la sexualité, ni avec la nourriture. Alors, est-ce une activité culturelle ? N'allons pas si loin, mais tout de même... et que dire de ces danses extrêmement compliquées, bien plus développées et autrement plus belles chez les oiseaux. Plusieurs danses humaines imitent d'ailleurs les danses des oiseaux depuis des siècles et des siècles, non seulement dans les pays africains et indonésiens mais même en Europe. Seulement, c'est toujours relié à un contexte sexuel. Or, chez les chimpanzés, ça ne paraissait pas relié à un tel contexte. Alors, est-ce que l'on voit émerger quelque chose ? On peut répondre à votre question par une question, c'est la meilleure manière de s'en tirer.

Question. — En définissant le concept de " société ", vous avez un peu répondu à ma question qui porte sur un point précis : le super-organisme. Si la ruche ou la fourmilière peuvent être considérées comme des super-organismes, dans ce cas-là, on devrait pouvoir observer des contacts entre les ruches ou les fourmilières. Est-ce que cela a pu être observé ? Car cela me semble un contre-argument par rapport à la notion de super-organisme, parce qu'à ma connaissance, on ne voit pas les ruches communiquer entre elles.

Rémy Chauvin. – C'est une très bonne question. En effet, entre les ruches il ne semble pas y avoir de communication, mais entre les fourmilières si. Quelques-uns d'entre nous pensent que les fourmis sont en train de nous jouer un tour en accédant à un niveau supérieur de communication entre elles. Je ne parle pas de communication entre les fourmis, je parle de communication entre les fourmilières, c'est bien le sens de votre question. Deux de mes collègues, Monsieur Torossian, de l'Université de Toulouse et Monsieur Cherix, de l'Université de Lausanne, ont découvert ces phénomènes sur des groupes de fourmilières près de Lausanne pour l'un et dans les Pyrénées pour l'autre. Il existe donc des groupements de fourmilières dans lesquels il y a au minimum cinq cents millions de fourmis. Des fourmilières énormes reliées entre elles par des routes dont on a établi le tracé. Ces routes sont débarrassées d'herbes et de petits cailloux et sont parfaitement reconnaissables sur le terrain, elles restent stables pendant plusieurs années. Le long de ces routes s'établit un trafic intense, cela ne veut pas dire du commerce, non, tout de même pas, mais enfin des échanges de larves, de matériel de construction et de nourriture, quoique parfois éloignées de plusieurs centaines de mètres. De plus, les membres de ces fédérations de fourmilières ne s'attaquent pas, alors que les fourmis ne demandent pas mieux que de dévorer n'importe quelle fourmi de leur propre espèce qui empiète sur son territoire. Là, elles ne s'attaquent pas, mais l'homme les étudie avec difficulté parce qu'elles sont très agressives et se jettent sur nous dès que l'on essaie d'observer la fédération. De quoi s'agit-il au juste ? Est-ce l'émergence d'un autre phénomène, d'un super-super-organisme ? Est-ce que cela va donner naissance à l'émergence de choses encore plus étonnantes que l'élevage du bétail et que l'agriculture ? Alors, je pose la question et pour le moment, je n'ai pas de réponse.

Claude Bensch. — Mais Monsieur Chauvin, ne sommes-nous pas à l'orée de *Phase IV*, ce film de science-fiction dans lequel les fourmis s'unissent pour attaquer l'homme !

Michel Lamy. — Et s'agissait-il tout de même de fourmis de la même espèce ?

Rémy Chauvin. — Oui, de *formica polyctena* ou de fourmis rouges.

Docteur Leblanc. — Au-delà des analogies de l'homme avec l'animal ou de l'animal avec l'homme, je voudrais insister sur les particularités humaines que sont l'accession à l'innovation, à la création, et cette quête dans l'espace et dans le temps qui permet à l'homme d'entrer en communication avec des choses qu'il n'a jamais vues, ainsi que de chercher dans le futur, à aller toujours plus loin, ce que l'on ne retrouve pas, je pense, chez l'animal.
Et en tant que médecin, il m'arrive d'avoir justement un champ d'expérience tout prêt, c'est-à-dire la société humaine telle qu'elle vit sa communication sur un plan dont je pense qu'on ne retrouve pas l'équivalent chez l'animal.

Claude Bensch. — Quelques remarques complémentaires sous forme d'interrogation : est-ce que ça vous gêne tant d'être considéré comme un animal ? Pourquoi ne pas essayer de voir si on trouve chez l'animal des éléments qui présagent de l'existence de nos comportements ? Et si l'on cessait un peu de prétendre que l'homme, c'est particulier, c'est autre chose, et qu'il faut cesser de mélanger l'homme et l'animal ? Or, on a à s'enrichir en abordant le problème soit dans le sens animal-homme, soit dans le sens homme-animal.

Rémy Chauvin. — Je suis tout à fait d'accord avec vous.

Question. — Puisque vous parliez de la sexualité, liée à l'instinct de reproduction, l'homosexualité existe-t-elle dans le monde animal ?

Rémy Chauvin. — L'homosexualité chez les singes, bien entendu. Chez les macaques, lorsqu'un jeune se présente à un vieux singe, il commence par lui montrer son derrière, et l'autre fait le geste de le monter ; mais en réalité, il n'y a pas réellement intromission du pénis et comme le disent les Japonais qui ont étudié ce comportement, il s'agit simplement d'une manière un peu cérémonieuse de dire bonjour. Je laisse à nos savants japonais la responsabilité d'une telle interprétation. L'homosexualité paraît courante mais n'est pas souvent effective, semble-t-il. Enfin, c'est archi-connu et pas seulement chez les singes.

Claude Bensch. — Je voudrais ajouter que si nous observons chez les animaux des situations que nous décrétons être des situations d'homoxexualité, il n'est pas évident du tout que dans ces espèces-là, ce soient des situations d'homosexualité. J'éclaire cette affirmation d'un exemple emprunté à notre ami Signoret qui travaillait chez le porc et qui montre très bien que lorsque vous entrez à quatre pattes dans la bauge d'un verrat, d'un porc mâle, si vous vous arrêtez, que vous êtes à quatre pattes et immobile, le verrat vous couvre. Est-ce que cela veut dire à ce moment-là que vous vous livrez à la zoophilie ; si vous vous êtes longuement déshabillé avant,... etc... : oui ; mais si cela vous arrive par hasard, je crois qu'on ne peut pas l'affirmer. Ce que nous observons comme étant de l'homosexualité, c'est la pratique d'une relation sexuelle avec un objet inadapté, ou apparemment inadapté. Ce n'est pas forcément vécu par l'animal comme une homosexualité.

Rémy Chauvin. — C'est plutôt parce qu'il voit assez mal ou qu'il est très excité. De même les mâles de guêpes s'accouplent avec l'orchidée. Ils ont envie de s'accoupler, et, dans cette situation, un mâle ne regarde pas de si près. Un mâle de guêpe, mais aussi un mâle de cochon.

Lucette Mouline. — Je voudrais dire que la tournure que vient de prendre notre discussion prouve bien des choses mais, entre autres, que nous manions un langage métaphorique beaucoup plus que nous ne nous servons de concepts. Et ça n'est pas pour me déplaire puisque je suis littéraire. Dans le discours de Monsieur Chauvin, j'ai noté beaucoup d'expressions où le langage était utilisé de manière figurative, comme " fleuve du psychisme "... Par ailleurs, je me suis demandé si le problème du super-organisme, chez les fourmis par exemple, n'était pas une sorte d'écriture, c'est-à-dire de phénomène où les signes composent un lacis, une trame, autre expression métaphorique. Bien sûr, on pourrait assez bien retrouver le mécanisme par lequel l'homme parvient, grâce à certains signes qui sont à la fois matière et essence, à transposer dans la réalité l'équivalent de ses songes et de ses fantasmes. Donc, pour en finir avec cette réflexion, il me semble que la transposition entre société animale et société humaine, ce qui plaît ou déplaît suivant la sensibilité de chacun, que ce que nous disons à propos de l'homosexualité chez les animaux, alors que peut-être cette notion n'a pas de sens pour eux, et n'en a que chez nous, prouverait qu'il y a dans cette manière de parler une large part de poétique.

Rémy Chauvin. — Je voudrais répondre, mais répondre un peu à côté parce qu'il me semble que nous allons frôler un écueil grave dont nous n'avons pas bien signalé l'existence. Nous sommes ici un grand nombre de biologistes et nous parlons des sociétés animales et puis aussi des sociétés humaines, et nous tombons peut-être sous l'accusation que les personnes de formation littéraire, sociologues et psychologues, profèrent avec indignation : " Vous faites du biologisme, vous voulez rabaisser l'homme à la dimension d'un singe ! ".

Il y a là du vrai et du faux : tout d'abord, l'homme est un mammifère de la classe des primates et il ressemble bien davantage à un singe qu'à un hérisson. Je n'y peux rien, c'est comme ça, si vous n'êtes pas contents, allez vous plaindre à Dieu le Père. Mais ce n'est peut-être pas une attitude extrêmement féconde, extrêmement raisonnable de vouloir rapprocher, en tout et pour tout, la société des singes et celle des hommes. En tout cas, la zoologie le refuse radicalement parce qu'un homme n'est pas un singe.

Il y a cependant une autre manière d'utiliser l'éthologie : c'est de considérer l'homme comme un objet nouveau, comme si c'était un singe descendu d'une autre planète dont on ne connaît pas réellement les comportements. Je sais que c'est beaucoup plus facile à faire pour l'enfant humain avant le langage, et Hubert MONTAGNER en parle beaucoup mieux que moi puisqu'il s'est attaché à l'étude des communications entre les très jeunes enfants. Mais de quel ordre sont ces communications ? Du même ordre que la communication entre les jeunes singes. Il s'avère qu'avant le langage et en dehors du langage, c'est du domaine de l'éthologiste, mais en plus, chez l'homme adulte, n'y a-t-il pas des choses que nous pourrions étudier en nous inspirant du regard éthologique ? C'est-à-dire en ne prenant pas le problème comme résolu mais en nous rendant compte qu'il y a des parties obscures dans le comportement de l'homme qu'on n'a pas sérieusement regardées. Un exemple en est l'effet Mac Intosh. Qui aurait pensé à une chose pareille ? Mais il y en a peut-être d'autres. Un de mes collègues sociologues — et il n'y a pas de mal à ça, bien que je sois biologiste je tolère les sociologues, la réciproque n'est pas toujours vraie d'ailleurs — a étudié avec son équipe le comportement des braves gens d'une rue de Paris, du côté de Clignancourt. Ils leur ont posé une question simple : où passez-vous vos moments de loisirs ? Ils se sont aperçus que ces gens n'avaient jamais vu la Tour Eiffel, ni la Seine, et qu'ensuite ils limitaient leurs déplacements aux quelques rues entourant leurs habitations. À la question : pourquoi n'allez-vous pas dans les autres coins ? ils ont répondu : non, on n'aime pas aller dans les autres quartiers parce que les gens nous regardent.

Ça, c'est une réponse extraordinaire ! Nous connaissons extrêmement bien cela chez les mammifères : c'est le comportement territorial. Mais il

est frappant d'observer ici ce comportement tout à fait primitif et qui paraissait absolument évident à ces gens. Des comportements similaires se rencontrent fréquemment. Autre exemple : dans la forêt de Rambouillet, les Parisiens qui l'infestent au moment du week-end pratiquent le pique-nique le long de la route, pour regarder passer les autos, parce que conditionnés à un environnement bruyant. Mais en plus certains sentiers et toujours les mêmes sont fréquentés par les Parisiens qui s'y coudoient, tandis que d'autres sont complètement déserts, personne ne sait pourquoi. On a même pensé établir la carte des sentiers fréquentés et de ceux qui ne le sont pas.
Pourquoi de tels comportements chez l'homme ? Et pourquoi ne commence-t-on que maintenant à s'en apercevoir ? pourquoi ? Parce qu'on n'a pas toujours regardé l'homme de la bonne façon, c'est là la leçon de l'éthologie.

Michel Lamy. — En ce qui concerne les études d'éthologie humaine, ceux qui ont fait des éthogrammes du comportement sexuel humain ont constaté des phases analogues à celles que l'on retrouve dans les espèces animales, chez lesquelles on recueille des phéromones sexuelles.

Rémy Chauvin. — Je voudrais rapporter une anecdote que Eibl-Eibelsfeld m'a racontée. Il utilisait une caméra coudée pour observer le comportement des amoureux dans les jardins publics. Si vous braquez votre caméra sur les amoureux en train de s'embrasser, il va vous arriver malheur ; par contre, quand l'objectif est coudé, vous visez apparemment ailleurs tandis qu'un prisme permet d'enregistrer tout ce qu'ils font. Il évaluait ainsi le temps pendant lequel ils se regardent dans le blanc des yeux. Il avait fait des statistiques (!) et avait remarqué que les amoureux se regardent ainsi beaucoup plus longtemps que les autres. Certes, la nouveauté de cette conclusion n'était pas brûlante, mais, quoi qu'il en soit, il n'a pas pu poursuivre ses recherches parce qu'un jeune homme s'est aperçu du manège, a cassé son appareil et même sa figure ! Vous voyez que l'éthologie humaine présente parfois quelques dangers.

Claude Bensch. — Pour ceux qui ne le connaissent pas, Eibl-Eibelsfeld a été l'élève de Lorenz, qui a développé il y a de cela dix à quinze ans l'éthologie humaine, c'est-à-dire l'application des principes éthologiques à l'espèce humaine.

Question. — Par analogie avec le treillis des abeilles, vous avez parlé de machine neuronale. Pouvez-vous développer cela un peu plus ?

Peut-on penser qu'il existera des machines conscientes à court terme ou à moyen terme ?

Rémy Chauvin. — Je vais vous répondre par la bouche d'un très célèbre informaticien, Turing : y aura-t-il des machines conscientes et comment pourra-t-on s'en rendre compte ? Voilà l'expérience de pensée que propose Turing : vous avez trois cabanes : dans une cabane, il y a un homme, dans la seconde, un ordinateur super-perfectionné, dans la troisième, un observateur qui essaie de savoir dans quelle cabane est l'homme et dans quelle cabane est la machine. Actuellement, avec nos machines, en quelques minutes il va se rendre très bien compte de l'endroit où est l'homme. Mais supposez par la pensée que, à la fin des fins, l'ordinateur étant tellement perfectionné, il n'arrive plus à discerner où est l'homme et où est la machine. À ce moment-là, le problème de la conscience de la machine ne sera pas résolu, il sera contourné, parce que si je pense que vous qui me posez la question, vous avez une conscience, je l'infère de votre comportement, je n'en ai aucune perception directe, mais votre comportement et la réponse à vos questions sont tels que j'infère que vous avez la conscience. Si je peux inférer la même chose d'une machine, où est le problème de la conscience ? Il est encore une fois contourné, quoique non résolu. Il me semble que c'est une réponse très profonde à cette question essentielle.

Claude Bensch. — De toute façon, une machine est un artefact et la sagesse humaine actuelle voudrait que l'on mette des plombs de sécurité dans cette éventualité. Éventualité qui existe déjà d'une certaine façon.

Question. — S'il n'y a pas un vice de raisonnement à considérer qu'il y a un enracinement de l'homme dans l'animal, je ne vois pas où est le problème des phéromones, en particulier dans le cas du tout nouveau-né qui reconnaît sa mère à l'odeur, dès les premières heures ou premiers jours, donc je ne vois pas pourquoi il y aurait une opposition entre des phénomènes qui ne font de doute pour personne et l'étayage de quelque chose qui est non pas propre à l'homme mais dont le développement devient quelque chose de proprement humain dans sa dimension qui est le psychisme. Je ne pense pas qu'il y ait nécessairement opposition entre la reconnaissance de problèmes biologiques dans la relation et dans la communication humaine et l'émergence d'un psychisme, peut-être grâce à ces phénomènes initiaux. Je ne vois vraiment pas où sont les difficultés à entrevoir cela.

Rémy Chauvin. — Non, il n'y a pas, semble-t-il, d'opposition. Mais c'est une question immense que l'émergence de la noosphère dont parlait jadis le Père Teilhard. Pourquoi sous nos yeux parfois aveugles existe-t-il un réseau de communication supérieur entre les humains, qui évoque un peu ce réseau de communication supérieur qui semble se tisser entre les fourmilières ? Pourquoi l'intercommunication toujours plus serrée entre les hommes, et quelquefois hélas toujours plus rudimentaire, ne donnerait-elle pas naissance à un phénomène d'un ordre supérieur ? Eh bien, je ne sais pas, je ne sais pas parce que l'homme est très mal connu. Que se passe-t-il dans les régions de l'homme que nous ne regardons pas d'habitude ?

Père Feder. — Monsieur Chauvin, vous avez beaucoup insisté sur les communications entre primates. Il existe des communications, des informations, mais existe-t-il des dialogues ?

Rémy Chauvin. — Oui très certainement, et nous l'avons vu d'une manière tout à fait nette lorsque nous avons pu apprendre aux chimpanzés l'alphabet gestuel des sourds-muets. Il y a incontestablement des dialogues et c'est un phénomène tout à fait étonnant à observer. Il y a aujourd'hui sept ou huit singes qui se parlent avec des gestes, communication tout de même assez rudimentaire, mais enfin on peut suivre ce qu'ils se disent. Par exemple : " Tu ne crois pas qu'on mangerait bien quelque chose ? ". " Nous, manger bientôt ? ".
L'homme peut même intervenir et on assiste à des spectacles ahurissants où deux chimpanzés discutent avec lui en utilisant l'alphabet gestuel. Parfois la discussion s'échauffe diablement quand ils lui demandent " quand est-ce qu'on va manger ? " et qu'il répond que ce n'est pas encore prêt. Il y a vraiment des dialogues. Il semble qu'il y en ait également entre perroquets.

Père Roger. — Je ne voudrais pas creuser davantage le fossé entre les biologistes d'une part et les psychologues, sociologues et littéraires d'autre part. Nous sommes là au contraire pour le combler et nous éclairer. Nous avons entendu parler de valeurs avec le Père Feder, et de métaphores. Je me demande s'il n'y aurait pas une autre terminologie pour créer un lien entre les deux disciplines, c'est la notion de symbole. Alors, je me demande : à partir de cette notion de symbole, est-ce que l'on ne pourrait pas définir des modèles sociologiques ? Est-ce que dans la forêt immense des observations qui nous sont données sur les comportements animaux, sur les sociétés animales, nous pouvons esquisser une sorte de classification, de modèle sociologique, de modèle historique et par conséquent, peut-être, de modèle évolutif ? Je poserai aussi une autre question : si nous voulons définir le concept de société, est-ce que, en nous arrêtant au biotique nous ne sommes pas un peu courts ? Est-ce qu'il ne faudrait pas passer carrément au prébiotique où nous trouvons la notion d'atome ?

Rémy Chauvin. — Je ne crois pas que je puisse faire une bonne réponse à cela. Le propre de l'homme de science, quand il ne sait pas, il sait qu'il ne sait pas. Je ne peux pas vous répondre. C'est une bonne question, et je ne sais pas quoi répondre.

Claude Bensch. — Je voudrais reprendre la question précédente de notre collègue parce qu'elle me paraît importante en ce qui concerne les relations bio-socio/socio-bio. Le scandale pour certains n'est pas dans le fait que le psychisme puisse avoir des racines biologiques, mais que l'on puisse dire que l'on va analyser le psychisme pour retrouver ses raisons biologiques, c'est-à-dire, sous-entendu, le psychisme n'a que des soubassements biologiques. Certains se heurtent beaucoup à cela et ils ont tort, car c'est une technique de laboratoire extrêmement ancienne : on fait une hypothèse, la plus simple : si l'on dit " le psychisme, c'est l'âme, l'âme c'est Dieu ", c'est fini, il n'y a plus de problème ! En ce qui me concerne, si je me pose cela comme hypothèse, je m'en vais à la pêche et j'attends ma fin dernière dans la plus grande des sérénités. C'est ce que font d'ailleurs un certain nombre de gens dans différentes sociétés. Si on pose une hypothèse en disant : ce phénomène est très spécial à l'homme, nous avons le psychisme comme spécificité humaine, puis nous allons admettre ipso facto l'âme, Dieu et tout le reste. Faisons l'hypothèse inverse : ce phénomène n'a que des racines biologiques et, à notre niveau, faisons-en l'étude. À cet égard, l'homme est l'espèce animale la plus mal connue de cet aspect-là. Le grand danger que nous avons vécu et que nous vivons encore en éthologie, c'est le mélange des genres. Il est tout à fait normal qu'un problème soit attaqué par quelqu'un avec une méthode et par quelqu'un d'autre avec une méthode tout à fait différente, mais ce qui est très dangereux et à l'origine de beaucoup de conflits, c'est de partir par exemple en éthologie avec une étude systématique et en cours de route, de faire rentrer le langage, l'âme, les sentiments, etc., et à ce moment-là, on se trouve dans une situation inextricable.

Question. — Une question qui concerne la conscience du temps. Vous avez parlé de la conscience de la mort chez les chimpanzés ou dans des sociétés animales et il m'a semblé qu'il s'agissait de la conscience de la destruction immédiate de l'individu. Est-ce que certaines sociétés animales ou certains animaux ont une conscience du temps et de leur mort future, ou est-ce le propre de l'homme ? Quand on voit les abeilles indiquer par leurs danses des lieux de butinage, elles se situent dans l'espace. Indiquent-elles aussi une notion de temps, et est-ce que le chimpanzé peut avoir une notion de sa mort future en voyant la mort de son petit ? L'homme est-il le seul à avoir la conscience du temps ?

Rémy Chauvin. — Pour ce qui est des abeilles en particulier, la perception du temps est une chose tout à fait nette : on arrive à faire venir la même abeille à trois heures différentes et à trois endroits différents avec une précision de l'ordre de quelques minutes. Chez les fourmis, c'est beaucoup moins net. Elles n'ont pas l'air de se servir du temps. Toutefois j'émettrais toute une série de restrictions à cette affirmation. Chez les mammifères, il y a une perception du temps, bien sûr, mais ils ne savent pas encore lire l'heure à une montre ! Chez les singes supérieurs, il semble que la prévision de ce qui va survenir se limite à un avenir tout à fait immédiat. Il n'y a pas de prévision définitive. Mais voyez comme c'est compliqué, il y a par exemple des quantités d'oiseaux, pas de singes, qui font des provisions pour l'hiver. Est-ce que cela veut dire qu'ils prévoient les grands froids et qu'ils auront faim ? Sûrement pas, c'est très excessif. Mais ils enterrent, par exemple, une série de noix dans des caches bien préparées, ils les bouchent, les dissimulent et l'expérience montre que, au plus fort de l'hiver, ils arrivent à les retrouver. Ils arrivent, par exemple, à avoir la mémoire de vingt caches différentes, même sous la neige, alors que l'œil de l'homme ne voit plus rien. Cela veut-il dire qu'ils ont prévu… je ne me hasarderais pas à aller si loin… peut-être bien que oui, peut-être bien que non… je suis un biologiste normand et c'est souvent comme cela que l'on s'en tire quand la question est embarrassante… Alors, il y a l'extérieur d'une prévision, mais est-ce que ça correspond réellement à une prévision ? Je trouve que ce serait dangereux de le dire.

Claude Bensch. — Il faudrait trouver une situation où l'animal aurait un comportement dont l'intensité ou le résultat tiendrait compte d'une durée de temps ultérieure mais qui serait variable en fonction des conditions actuelles. Je ne sais pas si cela a été fait.

Question. — Edgar Morin a parlé de la notion de désordre. Monsieur Chauvin, vous n'en avez pas parlé. Est-ce que cela existe dans les sociétés animales ?

Rémy Chauvin. — Il est difficile de répondre parce que, chez les fourmis par exemple, il y a un immense gaspillage de force, au moins pour l'œil humain et cependant cela fonctionne. Pour prendre une comparaison mécanique, je comparerais les fourmis à une montre qui n'aurait pas de roue dentée mais dont les rouages seraient reliés par des courroies molles. Pour ce qui est de décrire le temps avec précision, cela ne marcherait certainement pas très bien, mais en ce qui concerne le risque de se faire arrêter par un grain de sable, il serait inconcevable ; tandis que la montre avec sa magnifique précision est beaucoup plus fragile. Il me semble seulement, provisoirement, qu'une cité de fourmis est conçue de cette façon et qu'il y a des mécanismes qui ont une immense marge de sécurité. En effet, on peut en écraser la moitié, il ne se passera rien de particulier. L'avantage des mécanismes qui utilisent un mode de comportement aléatoire c'est que le hasard est en quelque sorte piégé. L'avantage de ces mécanismes, c'est qu'ils ne comportent pas de panne, il ne peut pas y avoir de panne dans une société de fourmis. Leur désavantage, c'est que le désordre semble y régner, pour l'œil humain. C'est la rançon de la souplesse. Voyez comme c'est difficile de faire une réponse précise. Dans les sociétés de primates, une aimable pagaille y est généralement la règle. Dans une société de chimpanzés, il y a aussi de l'ordre, quoiqu'il ne faille pas y regarder de trop près. Il y a de la ruse aussi, il y a du gaspillage, il y a le vieux chef qui s'est bourré de bananes et qui ne veut cependant pas que les jeunes y accèdent. Ils y accéderont dès qu'il sera en train de dormir, bien sûr. Voyez comme la réponse n'est pas tellement facile.

Père Feder. — J'irai dans le sens de la question qui vient d'être posée. J'avais été très frappé par ce qu'a dit Edgar Morin sur la question du désordre dans les sociétés supérieures, et je crois qu'il a peut-être dit lui-même que l'envers ou l'endroit du désordre c'est la liberté. C'est naturellement et extrêmement important, et l'on n'y peut absolument rien. Il n'y a pas de création sans loisirs, il n'y a pas de vie de l'esprit sans loisirs. Donc, partout où habite l'esprit, du point de vue d'une certaine rentabilité, la partie est perdue, comme par exemple pour la fourmilière, mais également en ce qui concerne les sociétés humaines. Quand on veut un rendement maximum d'une société, on étouffe complètement la liberté.

Lucette Mouline. — Je suis impressionnée par le fait que ce dialogue fasse trembler notre identité. Entre la bête et nous, des choses se disent, et on met en relief certaines similitudes... Impressionnée, tout en étant fermement convaincue que nous sautons dans le vide, nous franchissons un fossé. Il n'y a pas de continuité entre ces deux règnes de la vie, et pourtant, nous sommes émus d'apercevoir comme un mirage, comme un reflet de nous-mêmes, si importun ou si peu pertinent soit-il. Cela veut dire en fin de compte que même si la bête est un souvenir pour nous, faux souvenir ou fiction erronée, elle fait en tout cas partie de notre poésie, de notre monde intérieur, et c'est peut-être là-dessus que j'aimerais m'arrêter.

Claude Bensch. — Je voudrais également conclure simplement sur ce débat qui, tout au long de ces séances, oppose les uns et les autres sur l'animal et l'homme. Il est vrai que toutes les études éthologiques menées actuellement nous permettent de soupçonner l'animal qui est dans l'homme. J'ai parlé tout à l'heure, en introduction, des phéromones, c'est un sujet qui a l'air d'opposer les opinions... Cela rappelle un peu le débat sur " l'homme descendant du singe " qui avait introduit une polémique extraordinaire. Il en est presque de même quand on dit que l'homme a des phéromones. On essaie de nier l'animal qui est dans l'homme.

Rémy Chauvin. — Ma conclusion sera très simple : la leçon de l'éthologie, c'est : défiez-vous du comparatisme entre homme et singe, mais sachez que l'éthologie vous apprend à regarder l'homme d'une façon tout à fait nouvelle et susceptible d'apporter une foule de résultats extraordinaires.

SOCIÉTÉS PRÉ-HUMAINES

Yves Coppens
Membre de l'Institut
Professeur au Collège de France

Avant de parler d'origine des cultures et avant de parler des sociétés pré-humaines, je voudrais tout d'abord faire un rappel de l'évolution anatomique.

On peut commencer l'histoire de l'homme il y a une dizaine de millions d'années, dans une forêt qui couvrait l'équateur de l'Afrique et s'étendait de l'océan Atlantique à l'océan Indien, et où vivaient de petits singes. Vers huit millions d'années, disent les géophysiciens, la Rift Valley, grande faille qui casse l'Afrique, est réactivée, c'est-à-dire qu'un événement tectonique important entraîne un relèvement de toute la province Est africaine. À cette époque-là, disent les paléoclimatologistes, les précipitations se forment comme aujourd'hui au-dessus du golfe de Guinée, au-dessus de l'océan Atlantique mais, poussées par les vents, arrosent désormais surtout l'ouest du continent, et arrosent moins l'est, à cause des hauteurs, à cause de la faille, à cause de ces nouvelles conditions micro-climatiques, presque régionales. À ce moment se met en place, à l'est, le système des moussons, alternant de grandes pluies et de grandes saisons sèches. Or, ces petits ancêtres, ces petits singes de la forêt sont toujours là et, tandis qu'à l'ouest leurs descendants sont encore dans la forêt, à l'est ces descendants qui vivaient en forêt ont de moins en moins d'arbres pour nicher. Mettez-vous à la place de ces petits singes arboricoles qui, tout à coup, n'ont plus d'arbres.

En tout cas, une des seules données dont je dispose, mais qui me semble puissante, c'est que toutes les sciences affirment et confirment que les grands singes africains et nous, sommes très proches. C'est-à-dire que dans une perspective évolutionniste, les grands singes africains, les chimpanzés et nous-mêmes, avons des ancêtres communs.

Un autre argument de poids nous est fourni par notre expérience sur le terrain. Pendant un quart de siècle, nous étions environ cinq cents fouilleurs le long de 2 000 kilomètres de rift, et nous avons recueilli des centaines de milliers d'ossements. Parmi ces centaines de milliers d'ossements, alors que nous sommes si proches des chimpanzés, nous avons recueilli 2 000 restes d'hommes et de pré-hommes, mais pas un morceau, pas un os ni un fragment de dent de chimpanzé, de gorille, de pré-chimpanzé ni de pré-gorille. Quel que soit le modèle proposé, cela signifie que nous ne sommes jamais ensemble, quoique cousins. Les chimpanzés et pré-chimpanzés, les humains et les pré-humains n'ont jamais vécu ensemble. Cela veut probablement dire que cette séparation s'est faite à une certaine époque, et que la plupart de nos caractéristiques de départ correspondent, au sens darwinien du terme, à la sélection naturelle d'un nombre important de caractères. Caractères anatomiques, mais aussi culturels et, pourquoi pas, sociologiques.

Les hominidés semblent donc être le résultat, a posteriori, de ce changement climatique. Je ne veux pas dire que c'est l'environnement qui a façonné les hominidés, mais plutôt que l'environnement a permis aux hominidés de développer les caractéristiques qui font la beauté de l'humanité actuelle : debout, avec un cerveau important, et une dentition pour manger de tout.

Il y a donc dix millions d'années, existait une forêt avec ces petits ancêtres communs. Puis, il y a huit millions d'années, la forêt se dégrade à l'est et ainsi commence l'histoire de notre famille. Que ce soit bien net dans nos esprits : il y a huit millions d'années commence notre histoire, notre histoire indépendante de l'histoire animale et, à partir de huit millions d'années, notre famille se développe en deux phases que l'on peut appeler pré-humaine et humaine. Toute l'histoire est là.

Il se trouve que nous avons appelé les pré-humains “ australopithèques ”. Je rends ici hommage à

Raymond DART, mort récemment à l'âge de quatre-vingt- quinze ans et qui est l'inventeur de ce terme et de ce qu'il recouvre. Les autres, les humains, sont les hommes, tout simplement. Depuis longtemps, je crois que le monde des Australopithèques est bien plus compliqué qu'on ne l'imagine. Par exemple, le Motopithecus, vieux de sept millions d'années, trouvé par Ishida et qui fait partie de cette sous-famille est peut-être Australopithèque. Je pense aussi que Lucie et ses voisins, ses amis et tous les Luciens de l'Éthiopie et de la Tanzanie sont des Australopithèques. Je pense ensuite que le genre australopithèque, au sens strict, même si ma différenciation de genre n'est pas très orthodoxe, se développe en Afrique australe et en Afrique orientale en deux branches, avec une forme gracile et une forme robuste en Afrique australe (Australopitecus africanus et Australopithecus robustus) et également une forme gracile et une forme robuste en Afrique de l'Est, la forme gracile n'étant pas encore nommée, mais je crois que le OH 62 que viennent de trouver Donald JOHANSON et Tim WHITE est un Australopithèque gracile. C'est pour cela qu'il ressemble tant à Lucie. Enfin l'Australopithèque robuste c'est *boisei*, que tout le monde connaît.

Ces Australopithèques sont donc un petit monde de pré-humains caractérisés par leur station debout. Ils continuent à grimper aux arbres mais sont debout sur leurs pattes postérieures. Nous savons cela par l'anatomie et par des traces de pas que l'on a retrouvées. Ces Australopithèques ont encore un petit encéphale de 400 à 500 cm^3, mais dont la structure révélée par les moulages endocraniens est, à bien des égards, déjà humaine. Il y a donc eu une transformation qualitative au niveau cérébral. D'autre part, la face se réduit doucement et leurs dents se transforment. Les canines sont petites, à l'inverse de ce qui se passe chez les grands singes, tandis que les pré-molaires et les molaires se développent, et que l'émail des dents jugales s'épaissit considérablement en fonction d'un changement de nourriture. Quand il y a moins d'arbres, il y a moins de fruits et quand il y a moins de fruits, il faut manger autre chose. Ils se mettent, en particulier, à manger des racines et des tubercules. Enfin, ces gens-là sont aussi les premiers tailleurs de pierre. Ce n'est qu'ensuite qu'apparaissent, toujours en Afrique orientale, les premiers hommes.

À partir de huit millions d'années donc notre famille se différencie et se dégage du monde animal. Edgar MORIN nous a dit : " enraciner n'est pas réduire ". Les pré-humains occupent donc la tranche de huit millions à un million d'années. Chevauchant ainsi la fin de cette tranche, les premiers hommes semblent bien apparaître dans cette même région, à partir de certains des Australopithèques, vers trois millions d'années. Je dis bien : à partir de certains des Australopithèques, ce qui veut dire que si les ancêtres de l'homme, du genre Homo, sont Australopithèques, tous les Australopithèques n'ont pas donné des hommes. C'est simple et classique en paléontologie.

Les humains s'originent donc dans cette région de l'Afrique orientale et, comme les pré-humains, ils naissent aussi d'une crise climatique, celle de deux millions et demi à trois millions d'années. Ces hommes apparaissent cette fois avec un développement cérébral quantitatif et une mâchoire à manger de tout, non seulement des racines et des tubercules mais aussi de la viande. Manger de la viande implique attraper du gibier, attraper du gibier c'est courir après et c'est changer de comportement, en l'occurrence, devenir mobile. C'est en effet à partir de ce moment-là qu'on va très vite les trouver ailleurs, d'abord dans l'ancien monde, puis dans le nouveau et beaucoup plus tard en Australie.

Je crois que ce premier homme d'Afrique orientale s'est très rapidement déplacé. À partir du moment où il est devenu mobile et carnivore, en fait végétarien et carnivore, c'est-à-dire omnivore, ou ce que j'appelle volontiers " opportuniste " (c'est joli, de naître de l'opportunité, c'est la gloire de notre genre !), ce premier homme s'est très vite répandu à travers le monde. À partir de deux millions et demi d'années, ou un petit peu plus, on va le trouver à travers tout l'ancien monde, l'Europe et l'Asie. Et puis beaucoup plus tard, pour des raisons essentiellement paléogéographiques et paléoclimatiques, en Amérique, peut-être les cent derniers milliers d'années pour être généreux, et aussi en Australie, les cinquante derniers milliers d'années. Cet homme, on l'appelle d'abord Homo habilis, puis Homo erectus, Homo sapiens enfin ; les anthropologues s'entendent de plus en plus sur l'évolution continue de ce genre : le genre Homo. L'évolution des Australopithèques, ces pré-humains, a répondu plus volontiers à un modèle ponctualiste, à une évolution discontinue, alors que l'évolution de l'Homme, celle de notre genre, a plutôt répondu à un modèle tout à fait continu, gradualiste.

Alors, comment approcher l'étude des sociétés ? Il faut d'abord savoir que l'homme est un primate et que tous les primates actuels dont on peut observer le comportement sont sociaux. Il n'y a donc aucune raison pour que l'homme n'ait pas lui-même toujours vécu en société. On me pose parfois cette question : " quand a commencé la première société humaine ? ". Je ne sais pas ce que cela veut dire. En tout cas, je peux répondre qu'il y a toutes les chances pour que l'homme ait toujours vécu en société.

Par contre, à partir de quel comment une société prend-elle une complication, une organisation, que nous estimons suffisante pour l'appeler humaine ? Peut-être est-ce au moment où apparaît la conscience réfléchie, mais malheureusement la paléontologie n'a pas beaucoup de moyens pour appréhender cette dimension.

Comment approcher encore l'étude des sociétés ? Par les outils, par l'organisation de ces outils au sol, c'est-à-dire par l'étude de l'organisation des aires habitées par ces pré-humains ou ces humains, et puis par une tentative de paléodémographie.

Les outils tout d'abord : lorsqu'on découvre des objets de pierre, d'os, parfois mais plus rarement de bois, on se rend très vite compte que ces objets ont été essayés et certains retenus, c'est-à-dire que des formes correspondaient à des fonctions, que l'on a retenu une certaine forme, qu'on l'a reproduite pour l'utiliser dans les mêmes fonctions et qu'on l'a par la suite enseignée. L'outil est alors le reflet d'un certain niveau social, d'un certain niveau de relation. Cela apparaît très nettement dès les premiers outils. On ne voit tout d'abord pas ces caractères, mais dès que l'on trouve l'outillage associé aux premiers hommes, ce caractère apparaît ; différents essais ont dû être faits, et certains se sont révélés plus efficaces que d'autres et on les a retenus et conservés pour être reproduits sur des milliers d'années. Ils ont donc été enseignés. On peut les étudier, et à travers eux l'évolution de la société, par l'évolution de leur technologie.

L'évolution de la technologie est extrêmement compliquée et reflète l'évolution de l'intelligence sociale et individuelle de l'homme. Technologie très lente pendant longtemps avant d'accélérer brusquement. Il y a probablement eu pendant bien longtemps des outillages presque identiques et pendant très longtemps ont été conservées certaines manières de tailler l'outil, la pierre, dont les hommes se sont contentés. On constate donc dans un premier temps une certaine inertie dans l'évolution de la tradition.

Venons-en a la tracéologie. C'est un mot un peu complexe pour dire que désormais on connaît de mieux en mieux les fonctions des outils. Pour cela on pratique l'expérimentation. On prépare un outil avec lequel on va couper un bout de viande, un autre avec lequel on va raboter un bout de bois, puis avec un autre encore on va gratter l'os d'une carcasse. Enfin, on examine au microscope le fil de ces outils et l'on se rend compte que l'image des traces (d'où le nom de tracéologie), l'image des stigmates d'usures, est à chaque fois une image différente. Cela nous est très précieux quand on l'applique à la préhistoire et à des outils anciens. On retrouve ainsi une partie des traces qu'on a fabriquées artificiellement par expérimentation et l'on sait ainsi que tel ou tel outil est plutôt fait pour couper le bois, un autre pour découper les tendons des animaux à consommer et que d'autres sont plus polyvalents. Voilà ce qu'il en est pour l'outil en valeur absolue.

À côté de cette valeur absolue, la qualité de la relation de cet outil avec les autres outils nous conduit à la notion de sol d'habitat. En ce sens, mon prédécesseur au Collège de France, André LEROI-GOURHAN, a été un grand pionnier en matière de technique de fouille. Depuis son enseignement, on dégage les objets avant de les recueillir, on les laisse là où ils se trouvent, puis on dégage autour pour voir éventuellement les autres pièces, outils, ossements..., et tout ce qui compose le sol sur lequel l'homme, quelle que soit son ancienneté, a vécu. Beaucoup d'informations peuvent alors être recueillies sur l'interprétation de la société de ces époques. Nous observons par exemple des sols spécialisés, ou bien des sols qui correspondent juste à des haltes d'un jour, d'une nuit, éventuellement avec un feu, si le feu avait existé à ce moment-là. Puis d'autres sols correspondent à des séjours de courte durée. Enfin certains sols ne sont que des lieux de dépeçage. On s'installe autour d'une bête que l'on vient d'abattre et, pour peu que cette bête soit importante, on la découpe et on la consomme sur place. Cela peut alors représenter un séjour de quinze jours, par exemple. Il existe aussi des sols de longue durée continue ou d'occupation répétitive, et tout ceci nous donne des informations importantes sur le nombre d'individus qui occupaient ces sols. En même temps, la diversité de leurs activités peut s'apprécier d'après la diversité de leur outillage. Sur ces sols, outre des restes d'alimentation, et d'alimentation carnée, il y a des structures d'habitat, des structures domestiques. Cela peut être des cabanes, cela peut être des poteaux de tentes, des poteaux de construction, des paravents pour se protéger des intempéries, mais aussi, à des époques plus récentes, des foyers. Cela peut encore être des sépultures, des objets d'art... Après tout, le sol d'une grotte décorée est aussi dans une certaine mesure un sol que l'homme a fréquenté, même s'il n'est pas véritablement un sol d'habitat.

Lorsqu'on étudie maintenant la matière des roches et des outils de pierre que l'on trouve sur ce sol, lorsqu'on étudie la matière première de certains objets, et que l'on cherche où se trouve la carrière de matière première correspondant à cette exploitation, on étudie ainsi la structure du territoire des hommes qui occupent ces sols. Ceci détermine à la fois l'aire domestique et l'aire territoriale, jusqu'où on doit aller pour chercher la matière première qui va servir à faire des outils, jusqu'où on doit aller pour trouver l'eau qui est essentielle à l'existence. Pour comprendre cet homme débutant, nous avons donc à notre disposition les outils, les aires d'habitat, ensembles d'outils, sols, les territoires de déplacement ; voyons mainteant la démographie.

La démographie peut être estimée par le nombre d'ossements recueilli, et le temps passé sur un sol mais cette estimation n'est en général pas très juste. Elle peut être parfois révélée par la dimension de l'habitat. L'archéologie des lagunes de la Côte-d'Ivoire pose par exemple de manière originale l'interprétation de la consommation de coquilles. Ces gens ont mangé des coquillages de façon extraordinaire, à tel point qu'on arrive à des ensembles de près de mille tonnes de coquillages par site. Or, comme on connaît la date de leur installation (six ou sept cents ans avant Jésus-Christ), la date de la fin de cette exploitation de coquilles (trois ou quatre cents ans après Jésus-Christ), et que l'on a quelque idée de ce que peut être la consommation maximale de coquillages par jour et par personne, on arrive à un chiffre paléodémographique qui n'est sûrement pas juste mais qui donne une idée de la population. Un autre exemple, est celui de Pincevent, près de Paris ; dans un site magdalénien de 12 000 ans environ, André LEROI-GOURHAN avait compté le nombre de rennes qui avaient été capturés par les chasseurs, avait évalué les périodes pendant lesquelles ils attrapaient ces rennes et avait finalement calculé la taille du beefsteak de renne par jour et par personne, et le nombre d'individus de cette population. Ce type d'évaluation est extrêmement important pour connaître la dimension de ces sociétés qui sont en fait toutes modestes.

Lorsque l'on arrive à la grande révolution néolithique, c'est-à-dire que l'on passe véritablement à une économie de production, que l'on abandonne la chasse et la cueillette, ou en tout cas qu'on l'abandonne dans l'essentiel de ses revenus alimentaires, à ce moment-là, la démographie éclate. Auparavant, on a affaire à des groupes de dix, quinze, vingt, trente ou peut-être cinquante personnes, mais sans dépasser ces chiffres de petits groupes que l'on connaît bien chez les chasseurs cueilleurs actuels.

Je voudrais maintenant développer quelques points particuliers. Premier point : je crois que les pré-humains qui jusqu'alors vivaient en terrain couvert ont réagi de manière importante lorsqu'ils se sont trouvés confrontés aux contraintes de l'existence en terrain découvert, extrêmement exposés aux prédateurs. Que font les membres d'une société lorsqu'ils se sentent plus vulnérables ? C'est simple, ils se rapprochent. Et il est probable que le premier de ces rapprochements plus long qu'il ne l'était (parce qu'il pré-existait), a été celui de la mère et de l'enfant. Peut-être d'ailleurs que le temps de grossesse s'est raccourci, c'est en tout cas ce que certains paléoanthropologues proposent. Et puis, à ce couple primordial s'est adjoint le père. L'apparition du père et la naissance de l'émotion, c'est la naissance de l'amour. Ce scénario qu'évoque Edgar MORIN s'accorde très bien à mon schéma évolutif, schéma d'évolution contrainte par le changement écologique en quelque sorte. C'est pour cela que l'on peut dire que l'amour est né d'une crise climatique.

Deuxième réflexion : je crois vraiment que les premiers outils sont pré-humains. Dans les gisements du sud de l'Éthiopie où j'ai travaillé pendant dix ans, j'avais dans mon équipe un préhistorien bien connu, Jean CHAVAILLON. Mon alter ego américain qui s'appelait Francis Clark HOWELL, avait lui-même dans son équipe un préhistorien, Harry MERRICK ; tous deux ont prospecté, ont trouvé des objets en surface, et, dans sept fouilles, ils ont recueilli des milliers de pièces lithiques qui pour la très grande majorité d'entre elles, étaient de simples éclats de quartz. Mais éclat veut quand même dire percussion. Il y a donc eu le choc d'une pierre contre une autre pour en enlever une troisième. Au début, on a considéré ces éclats comme des déchets de taille, car on ne pensait pas qu'il s'agissait d'une véritable industrie. Puis, à force de fouiller et d'augmenter le nombre de ces pièces recueillies, on s'est rendu compte que des milliers de pièces éclatées représentaient plus volontiers un type d'outillage que de véritables déchets. On ne sait toujours pas ce que sont ces éclats. Peut-être sont-ils petits parce que la matière première était petite. L'homme fait en fonction de ce qu'il a sous la main et, ici, la matière première dont il disposait n'était faite que de petits galets de quartz ; il n'a donc pu en tirer que de petits éclats de quartz. Peut-être s'agit-il d'un simple faciès d'une industrie bien connue à cette époque et que l'on appelle l'industrie des galets aménagés ? Mais peut-être s'agit-il aussi d'autre chose ?

Or, dans les mêmes couches géologiques, mais aussi sur les mêmes sols que ces éclats, tous les hominidés que j'ai recueillis appartiennent à des Australopithèques. Lorsque je trouve un hominidé et un outil, je dis que l'outil a été fait par l'hominidé. Mais cela provoque bien des réactions à travers le monde. Quelquefois, les collègues ne réagissent pas du tout et oublient cette affaire, parce que cela veut dire que l'outil a été fait avant l'homme et que, philosophiquement, cela doit gêner. Alors que si on dit que l'outil c'est l'hominidé, tout s'arrange. J'aimerais mieux que l'on dise cela. D'autres réagissent en disant " non, non, il doit y avoir un homme, un vrai, quelque part qui a fait ces outils ", ce qui n'exclut pas la présence des Australopithèques. C'est très possible, mais j'ai peur que l'on recommence l'histoire de l'homme de Pékin, qui fut extrait des grands gisements de Chou-Kou-Tien. À l'époque (dans les années 1920-1930) on les avait à peu près admis comme pouvant être des ancêtres des hommes. Or, un beau jour, on découvre des outils à leur côté. Catastrophe !

Des hommes à tête un peu plate, sans grande capacité crânienne, ça allait encore à moitié, mais le fait de découvrir des outils à leur côté, ça n'a plus été du tout. Connaissez-vous la conclusion de l'époque ? Qu'il y avait sûrement à ce moment-là en Chine, des hommes, qui avaient fait ces outillages et mangé l'homme de Pékin ! J'ai peur de voir un jour écrit quelque part qu'il y a eu de vrais Hommes entre deux et trois millions d'années dans le sud de l'Éthiopie qui ont mangé les Australopithèques ! Cela sera une nouvelle guerre du Feu et, en tout cas, ce sera la mienne.

Cependant, je ne suis pas en mesure d'affirmer que ce soit véritablement le pré-humain qui ait fabriqué ces outils. Je peux seulement dire qu'il y a quelque chance pour que ce soit lui. Cela voudrait dire que ces pré-humains ont déjà une société qui s'élabore, une société composée d'individus qui ont entre eux des moyens de communication. Et de cela je ne serais pas du tout étonné.

Troisième point : l'évolution culturelle elle-même. À ce moment-là apparaît l'Homme, l'Homo habilis et, comme ce premier homme mange de la viande, il laisse des ossements et on les retrouve sur les sols sur lesquels il habitait. Ces ossements d'animaux nous précisent son menu. C'est un peu pour cela que je l'appelle opportuniste : vous ne pouvez pas vous imaginer tout ce qu'il pouvait manger !

Et comme on trouve des ossements de quantités d'animaux, cela veut évidemment dire que pour la première fois dans l'histoire des primates, cet homme qui partait chercher ou chasser du gibier, même s'il en mangeait un peu sur place, en rapportait aussi au camp de base. Cela veut dire qu'était né le partage ; et qu'est-ce que le partage, sinon le beau reflet d'un certain niveau de l'évolution de la société, la convivialité, et ceci dès les premiers Homo habilis.

Dans le même temps, leurs aires d'habitat, leurs sols d'occupation s'équipent. On a trouvé d'une part, à Oldoway, en Tanzanie, et d'autre part à Melka Kontouré, en Éthiopie, sur des sols qui ont 1,8 à 1,7 millions d'années, des structures qui ont l'air d'être des structures de cabanes. Je me rappelle très bien le vieux Louis LEAKEY, qui est mort en 1972, me raconter que quand il a fouillé le site que l'on appelle DK 1 à Oldoway, il a " désossé ", selon ses propres termes le sol, enlevé un certain nombre de pierres pour travailler et mieux fouiller. C'était évidemment une erreur, et il s'en est rendu compte. Au bout d'un certain temps, il s'est arrêté. Ces pierres font aujourd'hui un petit tas dans le coin de la fouille et il a laissé les autres en place, parce qu'il s'est heureusement dit que ces pierres pouvaient avoir un sens dans leur disposition. Et lors de l'avancement de la fouille, il s'est aperçu en effet que ces pierres s'organisaient en cercle et que le cercle était fait, plus ou moins clairement, de petits tas de pierres. Il a alors interprété les petits tas formant le cercle comme des tas de pierres de calage de poteaux ou d'arceaux. Or, des poteaux ou des arceaux en cercle, cela signifie une habitation, une cabane, une case ou une hutte et, en tout cas, un abri construit. Il est vrai que les grands singes construisent des nids avec tout de même une certaine créativité, mais ne construisent pas d'abris improvisés et délibérés. Il y a chez l'Homme eu une adaptation au terrain et aux matériaux. Cette première case, cette première habitation, c'est en tout cas aussi l'origine, modeste, de l'architecture. Cette première habitation a environ 4,50 mètres de diamètre, cela vous donne une idée de son ampleur, et elle a donc 1,8 million d'années.

Pour les premiers humains, les outillages comme les activités se diversifient, et on peut suivre l'évolution technologique de ces outils. Les hommes ont d'abord tapé sur les pierres avec un seul caillou, que l'on appelle le percuteur dur, puis ils se sont aperçus qu'en tapant sur un caillou avec un morceau de bois, de corne, ou un bois de cerf, on obtenait une pression plus subtile qui permettait de retirer des éclats plus minces et de meilleure qualité. Enfin, beaucoup plus tard, on s'est aperçu qu'en chauffant le silex, on lui conférait des propriétés nouvelles et différentes qui facilitaient encore le débitage.

Je voudrais citer deux exemples qui montrent en même temps l'extraordinaire progression de ces outillages et les différences de vitesse de leur progression. Cette évolution a d'abord été très lente, puis au bout d'un certain temps seulement elle s'est accélérée. On a d'abord fait des galets aménagés sur lesquels on tapait pour avoir un tranchant ou une pointe, puis, vers un million d'années ou peut-être un million cinq cent mille ans, on a découvert la symétrie, et on a fait des *coups de poing*, ces grands bifaces qui ont à la fois une symétrie bifaciale et bilatérale. Puis, on a inventé l'outillage sur éclats et enfin on a découvert qu'en faisant sauter des éclats aux bords parallèles, des lames, on obtenait encore un rendement meilleur. André Leroi-Gourhan disait que si un Homo habilis d'il y a deux millions d'années par exemple prenait un kilo de silex, il en faisait un galet aménagé et ne dégageait que dix centimètres de tranchant utile ; l'Homo erectus d'il y a cinq cent mille ans, toujours avec un kilo de silex, va en sortir plusieurs bifaces, plusieurs de ces outils symétriques, et, en additionnant les longueurs des tranchants, dégage près de quarante centimètres de bord coupant efficace. À partir de son kilo de silex, un Néandertalien d'il y a cinquante mille ans va sortir un certain nombre d'éclats et près de deux mètres de tranchant. Néandertal que l'on ne voulait pas accepter dans l'album de famille était quand même assez doué ! Dix centimètres, quarante centimètres, deux mètres ! Prenez maintenant ce merveilleux homme de Cro-Magnon, le peintre de toutes nos belles grottes il y a vingt mille ans, si vous lui donnez un kilo de silex, il va réaliser un débitage laminaire qui représentera jusqu'à vingt mètres de tranchant utile. Cela paraît inimaginable !

Donc dix centimètres de tranchant à des millions d'années, quarante centimètres à cinq cent mille ans, deux mètres à cinquante mille ans, vingt mètres à vingt mille ans... Si maintenant vous rapportez ce temps aux vingt-quatre heures d'un jour, une heure valant environ 100 000 ans, vous pouvez compter douze heures sur les vingt-quatre avec seulement des galets aménagés et ces dix centimètres d'efficacité. La moitié du temps est passée avec dix petits centimètres. Puis, onze heures du deuxième cadran peuvent être accordées à l'Homo erectus et à ses quarante centimètres de tranchant. C'est-à-dire qu'il reste une heure sur vingt-quatre pour le développement des deux mètres, des vingt mètres, du Néolithique, de la production de l'or, du cuivre, de l'étain et par la suite du bronze, du fer et puis du plastique... Cela vous donne une idée à la fois de la qualité de l'accélération de notre savoir-faire, mais en même temps de ces longs préparatifs à notre évolution technologique qui sont évidemment un reflet de l'évolution de nos sociétés.

Enfin, quelques chiffres pour en finir avec cette évolution. Sachez que la symétrie est apparue avec les bifaces vers un million et demi d'années ; sachez qu'il existe peut-être alors des traces de feu, mais qu'elles sont douteuses. Il n'existe en fait de feu parfaitement maîtrisé dans des foyers que vers un demi million d'années, peut-être même moins. Sachez aussi qu'à bien des égards, les sociétés ne découvrent pas " ex nihilo " les nouveautés techniques ou technologiques, et ne créent pas, sans y être préparées. Je veux dire que le feu maîtrisé dans des foyers n'apparaît pas à n'importe quelle époque, il apparaît à l'époque de la découverte du percuteur tendre, c'est-à-dire d'un moyen beaucoup plus efficace de tailler la pierre. Il apparaît aussi à l'époque où l'on découvre l'éclat Levallois, c'est-à-dire une forme d'outil prédéterminé. Il est toujours amusant de regarder quelqu'un faire une cocotte en papier. Cette personne va faire un pli, vous n'allez rien voir, puis un autre pli, vous n'allez toujours rien voir, puis un troisième, un quatrième, et tout d'un coup apparaîtra la cocotte. L'éclat Levallois, c'est un petit peu cela. Vous auriez devant vous cet Homme avec son silex, vous le verriez taper d'une certaine façon, il en sortirait un déchet, puis taper autrement, nouveau déchet... Il faut jusqu'à quatorze coups pour atteindre l'éclat Levallois ! On constate donc qu'au moment où l'homme découvre le percuteur tendre, et détermine de façon superbe ces outillages Levallois, il va aussi maîtriser le feu. Au travers de cela, on voit bien que la société doit atteindre une certaine maturité pour découvrir quelque chose. Les découvertes apparaissent au moment où la société est apte à les recevoir et à s'en servir.

Sachez aussi que les sépultures ont une centaine de milliers d'années, que l'art a quarante mille ans et le passage prédation-production, environ douze mille ans.

Enfin, je voudrais développer un dernier point. Je suis très frappé par le fait que nous soyons des primates et que nous ayons perdu une très grande partie — sans doute moins qu'on ne pense — de nos instincts. Nous sommes devenus des gens qui doivent apprendre, en même temps que des gens libres. C'est toute la dignité de l'homme. Ce n'est pas parce que les sciences naturelles font plonger l'homme dans son monde animal et dans son monde de singe qu'elles le réduisent. Tous les naturalistes sont très conscients de la grandeur de l'homme au sens le plus noble et le plus philosophique du terme. Alors ce qui m'étonne, c'est que l'on ait affaire il y a quelques millions d'années à un animal, et puis aujourd'hui, à cet homme qui a perdu tous ses instincts.

J'ai donc été le paléoanthropologue de Jean CHAVAILLON à Melka Kontouré. Pendant très longtemps on m'avait appris que les Homo habilis faisaient des galets aménagées, que les Homo erectus faisaient des bifaces et que les Homo sapiens faisaient les industries sur éclat, etc. Or, en fouillant à Gomboré, Jean CHAVAILLON découvre une pièce osseuse humaine, que j'étudie, et que j'ai tendance à attribuer non plus à l'Homo habilis mais déjà à l'Homo erectus. Or l'outillage qui l'accompagne est encore du galet aménagé fruste, comme celui qui accompagne l'Homo habilis ailleurs. D'autres Homo erectus découverts dans un niveau moins ancien cette fois font des bifaces. C'est dans l'ordre de ce que l'on savait. Et puis des restes osseux, modestes, encore un peu plus récents me sont confiés. Ils m'apparaissent attribuables à des Homo sapiens. Or ces gens-là font encore des bifaces, comme s'il y avait un retard de la technologie sur la biologie : Homo habilis — galets aménagés, Homo erectus — galets aménagés ; Homo erectus — bifaces, Homo sapiens — bifaces. Et ensuite Homo sapiens développe toutes les industries jusqu'au nucléaire. Est-ce que cela ne veut pas dire que pendant ces longues périodes anciennes, la biologie est plus rapide que la culture ? Même si la culture a une action en retour sur la biologie, à ce moment-là c'est la biologie qui domine. Puis quand on regarde ce qui se passe plus tard en Europe, ou au Proche-Orient, on voit que l'Homo sapiens fait du paléolithique moyen par exemple, et que l'Homo sapiens (pas encore sapiens sapiens) va faire les premiers outillages du paléolithique supérieur. C'est ensuite l'Homo sapiens sapiens qui va faire le reste du paléolithique supérieur, le mésolithique, la révolution néolithique, les révolutions industrielles ! Autrement dit cette fois la technologie a l'air d'accélérer alors que la biologie marque le pas. Il y a donc une sorte d'inversion, une sorte de phénomène de bascule vers cent mille ans. Je me demande si ce n'est pas, dans une certaine mesure, un reflet de la bascule inné — acquis au profit naturellement de ce dernier.

Dans un premier temps on a plein d'instincts et très peu à apprendre et la biologie poursuit son évolution rapide. La technologie avance mais elle le fait de façon un peu chaotique. Puis vient le temps où il y a autant d'instinct que de choses à apprendre : on a perdu la moitié de nos instincts. Ensuite, l'acquis se développe de façon extraordinaire, si bien qu'aujourd'hui un de nos enfants laissé seul, sans éducation, deviendrait un enfant-loup. Il lui faut tout apprendre, il lui faut même apprendre à marcher. La plupart de nos instincts ont disparu et notre bulle culturelle et technologique est devenue si pressante par sa rétroaction, son action en feed-back sur la biologie, que la biologie devient très paresseuse et qu'elle n'a plus tellement de raison de se développer. Je ne suis pas sûr que mon exemple soit pertinent, d'autant qu'il est faible, qu'il s'appuie sur un seul gisement et seulement un petit nombre de restes très modestes. Mais enfin, c'est une suggestion.

J'ai donc développé devant vous l'étude de l'évolution anatomique des Hommes, les méthodes d'appréhension de la société au travers de la préhistoire et puis un peu l'évolution culturelle et sociale des hommes. Je voudrais, pour conclure, dire deux mots des sociétés de nos cousins singes, parce que ces cousins m'étonnent en permanence. J'ai eu le bonheur de participer, comme conseiller, à la préparation et au tournage du film " Le peuple singe ". Il y a dans ce film une séquence extraordinaire sur l'apprentissage du chimpanzé ; on y voit un petit groupe de chimpanzés qui s'amusent au bord d'une rivière et regarde passer au fil du fleuve des noix de baobab. Et puis la faim aidant, ces singes font ensuite vraiment tout leur possible pour attirer ces noix vers la rive. Première tentative : ils jettent des brindilles mais cela ne marche pas du tout. Ils essaient de se mettre à l'eau, mais ils n'y tiennent pas trop. Finalement l'un d'entre eux, avec un bout de bois, arrive à ramener une noix. Mais ensuite, il s'agit de percer cette noix pour la consommer, ce qui n'est pas si simple ; et viennent des scènes superbes où les chimpanzés essayent de percer les noix avec leur poings, d'autres avec leurs fesses. Évidemment ça ne marche pas bien. D'autres essayent avec de petits bouts de bois, des brindilles, avec des branches, des cailloux..., et finalement l'un d'entre eux a l'idée de mettre un caillou sous la noix et de taper sur la noix avec d'autres cailloux. C'est le principe du marteau et de l'enclume. À ce moment, la noix s'ouvre ! Malheureusement, l'apprentissage n'est pas très bon, parce que les autres ne regardent pas forcément au bon endroit au bon moment, et celui qui tape avec les fesses continue... Tout ceci est très intéressant.

On a dit très longtemps : ***l'homme c'est l'outil, et*** puis on s'est aperçu que c'était insuffisant, et on a cru bon de préciser : ***l'homme, c'est l'outil aménagé.*** Or, lorsqu'on voit un chimpanzé prendre une branche pour essayer d'attraper des termites, lorsqu'on voit qu'il sait enlever les feuilles qui le gênent, puis qu'il fait pénétrer la branche dans la termitière et si le calibre de la branche n'est pas bon, qu'il change de branche, il s'agit bien là d'un outil aménagé. Autrement dit ne devient caractéristique de l'hominidé que la notion de l'outil permanent et abondant, et peut-être aussi de l'outil au second degré : taper sur un outil pour en fabriquer un autre. Mais il y a encore beaucoup de surprises à attendre des chimpanzés. J'en ai vu un qui mangeait la cervelle d'une bestiole et, quoique se servant du crâne comme d'un verre, il n'arrivait pas à la consommer entièrement ; il a alors très rapidement attrapé des feuilles (visiblement la réflexion a été très brève) et les a mises dans sa bouche. J'ai cru qu'il voulait simplement changer d'alimentation, mais au bout d'un certain temps, il a sorti de sa bouche une espèce de petite éponge verte, résultat de sa mastication, et l'a mise au fond de la cavité du crâne. Et il a fait comme avec une mie de pain, il a saucé le fond de la cervelle ! C'est quand même très étonnant.

Il faut enfin en venir à la notion de partage. Mon vieil ami Glynn ISAAC, qui est hélas mort il y a quelques années, s'était beaucoup appuyé sur la notion de partage pour caractériser le genre Homo. Ces premiers hommes avec leurs aires d'habitat, encombrées d'ossements, semblaient véritablement pratiquer le partage et le partage avait l'air d'être un caractère strictement humain. Cependant, un chercheur qui étudiait les simples babouins de la savane africaine, a vu ces babouins à une saison où l'alimentation végétarienne était moins importante se mettre à chasser et à attraper de petites proies. Et puis, ils les a vu partager ces proies. Le partage qui n'existait pas chez les primates est ainsi devenu une réalité nouvelle chez ceux qui mangeaient de la viande. Que sont finalement les Homo habilis sinon des primates qui mangent de la viande ? Dans le même ordre d'idée, on a également évoqué ces macaques qui avaient découvert qu'une pomme de terre salée était meilleure qu'une pomme de terre douce, et qui avaient transmis cette acquisition à leur descendance, ce produit culturel, de génération en génération. On cherche vraiment ce qui finalement nous caractérise, sans totalement y parvenir.

En conclusion, je dirais que notre société a développé, au moins quantitativement, une extraordinaire organisation sociale. Après le milieu naturel, c'est donc le milieu culturel et social qui a fait de l'Homme le premier être vivant libre.

DISCUSSION

(Modérateur : Bernard Vandermeersch)

Bernard Vandermeersch. — Yves Coppens ayant entrouvert à peu près tous les problèmes relatifs à l'origine et à l'histoire de l'humanité, le débat peut être extrêmement vaste et large. Je demanderai donc à chacun d'être autant que possible bref et succinct, dans les questions comme dans les réponses qui seront données.

Charles Susanne. — J'ai beaucoup apprécié l'exposé d'Yves Coppens dans toutes les nuances qu'il a essayé de donner à la définition de l'homme car c'est un problème finalement très compliqué dans la mesure où nous disposons de nombreux critères possibles à utiliser, que ce soient des critères d'ordre biologique ou culturel. Sur le plan anatomique : réduction du massif facial, bipédisme, développement de la boîte crânienne ; sur un plan culturel, il a cité beaucoup d'exemples bien entendu, outils, maîtrise du feu, rites funéraires, arts, etc. Je crois que dans un tel débat, il faudrait insister sur l'absence de seuil. Il serait arbitraire de choisir un de ces critères pour définir l'homme, ou pour faire une distinction entre l'humain et le pré-humain. Il existe non seulement une difficulté et un arbitraire à ce choix, mais également un arbitraire dans le choix de la période paléontologique à partir de laquelle nous allons réellement parler de sociétés humaines. En d'autres termes, j'ai beaucoup apprécié l'insistance d'Yves COPPENS à parler de perspective évolutionniste. Pour les paléontologues, les anthropologues, les biologistes, il est évident de parler de perspective évolutionniste, mais là où j'ai plus de difficulté c'est lorsqu'on veut absolument distinguer le pré-humain de l'humain. J'ai personnellement bien entendu Yves COPPENS dire qu'il préférait ne pas répondre à la question de savoir ce qu'est une société humaine.

Michel SUFFRAN. — Je joue ici, au milieu de personnes fort spécialisées et fort savantes, le rôle du candide, du naïf. Je ne veux pas le jouer d'une façon trop patoisante mais ce que vient de dire à l'instant Charles SUZANNE est effectivement dans le droit fil des réflexions que je me faisais moi-même " in petto " en écoutant l'exposé de Monsieur Yves COPPENS, à savoir effectivement s'il y a, ou si l'on peut déterminer un seuil de l'humanité et, à partir de l'humanité, à quel moment on peut sacraliser, s'il y a lieu, un être biologique en être humain. Ce qui m'a troublé c'est en fait que les critères sont, d'après ce qu'a dit à la fin de son exposé Monsieur COPPENS, extrêmement ambigus et flous, puisque nous avons appris que parallèlement à cette évolution qui paraît relativement continue entre les divers stades de l'Homo habilis, de l'Homo erectus et de l'Homo sapiens, il y a dans les sociétés que l'on continue de qualifier d'animales, les sociétés de grands singes, des stigmates qui, si l'on s'en tient effectivement aux seules données technologiques, aux seules données pragmatiques, pourraient être attribués à des hominiens, des êtres qui ont déjà reçu cette espèce de baptême. Encore une fois je parle ici en mon propre nom. C'est peut-être l'introduction d'un élément parasitaire dans un raisonnement scientifique, mais il y a une chose dont finalement on a parlé d'une manière un peu adventice et en la situant dans une partie très tardive de l'évolution : est-ce que le sentiment de l'humain n'est pas aussi, dans notre conception en tout cas, associé d'une certaine façon à l'idée de sacré ? C'est-à-dire à l'idée d'un destin qui naît chez l'homme (je ne sais plus qui a défini l'homme, peut-être MALRAUX, comme un animal qui sait qu'il doit mourir). Est-ce que les deux critères, encore une fois tardifs, l'un remontant à cent mille ans et l'autre à quarante mille ans, la sépulture d'une part, c'est-à-dire le culte des morts, le fait que ce ne soit pas une charogne que l'on laisse au fond d'une crevasse, et l'œuvre d'art d'autre part, qui peut-être au départ avait effectivement, on l'a dit, des destinées pragmatiques, des sujets d'envoûtement ou de sorcellerie, mais qui très vite s'est émancipée de cet élément pragmatique, et de la figuration de l'objet chassé, est-ce que ces deux critères ne font pas partie intégrante, bien que très tardive, de notre notion de l'humain ? Un livre de VERCORS est toujours à ma mémoire. *Les animaux dénaturés.* À quel moment la dénaturation de *l'homme*, l'homme animal qui a perdu ses instincts et doit réinventer son destin, à quel moment cette dénaturation peut-elle sacraliser l'homme dans ce que nous savons et que nous croyons savoir de l'humain ? C'est une question que je pose non pas sur des données scientifiques mais sur des données profondes car elle est quotidienne et terriblement actuelle. Nous savons que l'homme peut être, d'une certaine manière, considéré aussi comme une hypothèse fragile et nous savons qu'une déshumanisation est possible, que cette déshumanisation soit spectaculaire (Monsieur COPPENS a cité le cas des enfants-loups) qu'un élément éducationnel, un élément culturel, puisse faire défaut ou que cette déshumanisation soit beaucoup plus secrète, beaucoup plus sournoise et masquée par une évolution technique extrêmement chatoyante et flatteuse et qui court à la surface d'une humanité pouvant très bien être récessive elle aussi. C'est dans cette ligne que je voulais situer ma réflexion. Si j'ai bien compris, trois éléments fondamentaux ont en quelque sorte modelé l'évolution de l'homme, la création de l'être humain ou le rêve que fait l'homme de lui-même : le milieu naturel tout d'abord, le milieu culturel ensuite et le milieu social enfin. Mais le milieu culturel et le milieu social pré-supposant déjà une hominisation. Donc est-ce que le seul milieu naturel peut conduire l'être humain à MOZART ou a SCHOPENHAUER ? Est-ce que cela est suffisant ou est-ce que nous ne sommes pas devant une énigme et est-ce que l'évacuation nécessaire pour un homme de sciences, d'une hominisation au sens teilhardien du mot, est une hypothèse totalement à exclure d'un raisonnement scientifique ? Mais est-ce que cette question ne peut pas être posée par le naïf que je suis et que je représente ?

André DEBENATH. — Il est toujours impressionnant d'assister à une conférence d'Yves COPPENS parce qu'au début il vous met dans la peau d'un petit singe, gris, noir ou brun selon la couleur de son pelage, pour vous amener au terme de son discours au véritable Homo sapiens sapiens. Et finalement lui seul survole avec une certaine sérénité ce phénomène d'hominisation. À ce propos j'aimerais que les paléontologistes qui sont à ma droite et à ma gauche me définissent un peu l'hominisation, parce qu'entre le sens assez strict de TEILHARD de CHARDIN qui considère l'hominisation comme le passage de la biosphère à la noosphère et la notion de Jean PIVETEAU qui l'étend également au processus purement évolutif, il me semble que le terme d'hominisation est parfois un peu dévoyé de son sens normal. Notamment dans l'intervention d'Edgar MORIN, j'entendais parler de la prise de conscience du père au cours de l'hominisation. Il me semble qu'à partir du moment où l'on a atteint le genre Homo, l'hominisation est à ce moment-là terminée. Je trouve également que parler de l'hominisation du cerveau et de l'hominisation de la main sont des excès de vocabulaire. Yves COPPENS était un peu choqué en nous donnant des longueurs de tranchant car il avait l'air de regretter que l'Australopithèque n'ait fait qu'une dizaine de centimètres avec ses galets taillés. On oublie peut-être que si les hommes préhistoriques étaient des chasseurs-cueilleurs, c'étaient également des charognards, et encore plus au stade australopithèque car je ne pense pas qu'avec les outils qu'ils avaient à leur disposition ils étaient capables de tuer du gibier. Tuer une antilope quand on est Australopithèque implique une conception de la chasse qu'ils ne possédaient peut-être pas, et il fallait donc être un peu charognard: Sans aller jusqu'à l'hypothèse qui présente les hommes de Néandertal se promenant avec des bâtons et sondant la neige comme on sonde une avalanche pour trouver non pas des hommes, mais des mammouths pour se nourrir, je pense qu'entre ces deux extrêmes, dix centimètres de longueur de tranchant étaient suffisants pour récupérer de la viande sur des cadavres abandonnés par les fauves. Puis apparaissent les premières sépultures et pour que cette organisation de l'espace funéraire se fasse de façon systématique, il faut attendre d'arriver à l'Homo sapiens sapiens, c'est-à-dire attendre d'être aux environs de 30 à 35 mille ans.

Yves COPPENS. — Je voudrais tout d'abord dire que tous ces interlocuteurs ont raison. Le problème est effectivement la définition de l'homme. J'ai des amis préhistoriens qui ont tendance à dire que *l'homme c'est l'outil*, des amis comme Philippe BRENOT disent plutôt que *l'homme c'est la conscience*, la conscience réfléchie, et puis d'autres pensent que l'homme c'est la société, d'autres enfin que l'homme c'est la parole. Alors qu'on ne se méprenne pas, moi je suis tout à fait persuadé que tous ces éléments entrent dans la définition contemporaine de l'homme, mais malheureusement les paléoanthropologues n'appréhendent pas, ou en tout cas pas très bien, l'origine de l'outil, de la parole, ni à plus forte raison l'origine de la société que l'on peut qualifier d'humaine. À partir de quel moment (le Professeur SUSANNE parlait de la difficulté à trouver des seuils) naît la conscience réfléchie, par exemple ? Autrement dit la seule définition de l'homme qui nous soit accessible est une définition biologique, fondée sur les mesures de son cerveau, sur les proportions de ses dents, sur la morphologie de sa face, etc. Mais il n'est pas du tout question que nous, paléoanthropologues, imposions cette idée de l'homme comme étant la seule. Et peut-être que l'homme des philosophes, cet homme conscient, ne se superpose pas tout à fait à l'homme biologique. Peut-être le précède-t-il, peut-être le suit-il ? Il s'agit encore d'une notion de seuil.

Question. — Une des dimensions essentielles de l'homme est la possibilité de créer des œuvres d'art. Monsieur Coppens, vous avez me semble-t-il fait débuter l'art à 40 000 avant J.-C., c'est-à-dire au début du paléolithique supérieur. Est-ce que les représentations pariétales vous semblent déjà appartenir à l'art ?

Yves Coppens. — J'ai parlé de 40 000 ans, mais je suis persuadé qu'il y a des éléments bien plus anciens. Beaucoup de gens qui étudient l'origine de l'art s'attachent à retrouver l'apparition de l'ornementation du corps, l'existence de coquilles, d'ossements ou de dents, utilisés en bracelet ou en différentes ornementations. Leroi-Gourhan utilisait aussi un élément que j'aime bien : la curiosité de l'homme préhistorique. Dans des fouilles qu'il avait menées dans l'Yonne, à Arcy-sur-Cure, et ceci a été répété dans un autre gisement récent de l'Yonne, il avait trouvé au fond d'un habitat néandertalien, à un niveau de 80 000 ans, des fossiles de l'ère secondaire et des fragments de minéraux qui visiblement avaient été recueillis par cet homme de Néanderthal comme des curiosités de forme et de couleur. Autrement dit la curiosité, le besoin de s'orner le corps précèdent et annoncent l'art proprement dit. J'ai bien dit 40 000 ans pour l'art au sens strict, c'est-à-dire sous la forme de traits, de dessins, de marques sur des pierres, sur des os, sur des parois et de différents bas et hauts reliefs.

Rémy Chauvin. — Naturellement, comme tout le monde, j'ai été très intéressé par l'exposé de Coppens. Dans le temps, on posait le principe que l'homme avait l'outil et qu'il ne l'utilisait pas. Mais, comme vous l'avez fait remarquer, en réalité les chimpanzés aussi se servent de pas mal d'outils. Il y a évidemment la petite baguette qui sert à pêcher les termites. N'oublions pas qu'il s'agit d'une herbe à éléphant qui a parfois été auparavant débarrassée de ses feuilles et transportée sur une centaine de mètres avant d'arriver à la termitière. Il y a aussi le bâton à pêcher les fourmis, sorte de bâton écorcé avec lequel on caresse le dos des fourmis chasseresses. C'est pourquoi l'on trouve beaucoup de carapaces de fourmis dans les excréments des chimpanzés. Enfin, Goodall prétendait que les chimpanzés se servaient d'au moins sept à huit outils et notamment l'éponge dont vous avez parlé.
Je voulais évoquer aussi le partage de nourriture. Il existe chez les insectes. Je sais parfaitement qu'il ne faut pas comparer une fourmi à un chimpanzé, mais tout de même il faut souligner que l'échange de bouche

à bouche chez les fourmis, chez les termites, chez les abeilles, est un système tout à fait essentiel à la société, par le moyen duquel les animaux échangent également des hormones et toute une série de substances nutritives. C'est un moyen de communication par le bouche à bouche.

Pour en revenir à l'histoire des outils, je voudrais tout de même préciser que les outils les plus élaborés ne se rencontrent pas chez les chimpanzés mais chez les oiseaux. Le summum même de l'usage de l'outil se rencontre chez la fauvette couturière qui, lorsqu'elle veut nidifier, rapproche deux feuilles bord à bord, y perce des petits trous et fait passer par les trous une liane très mince dont elle se sert comme d'un fil. Si elle n'a pas de liane, elle va chercher une toile d'araignée et la tortille rapidement de manière à en faire un fil. Un chimpanzé est absolument incapable de faire quelque chose qui ressemble à cela. D'autre part, ma femme étudie actuellement le partage de nourriture et la becquée des petites mésanges quand elles sont sorties du nid. Le partage s'effectue par les parents avec une partialité absolument révoltante, les parents refusant progressivement de donner à manger jusqu'à ce que le petit apprenne à se nourrir lui-même. C'est le véritable partage. Enfin, sans vouloir chercher une définition métaphysique de l'homme, je proposerai comme une propriété externe de l'hominisation deux critères qui me paraissent absolus : l'homme est un animal qui allume le feu et qui enterre ses morts.

Yves Coppens. — Ces données que vous nous apportez sont très précieuses parce qu'elles précisent encore, s'il en est besoin, la difficulté de placer des seuils. C'est le problème soulevé par Charles Susanne. Le feu et la sécurité, ça me plaît bien, malheureusement si vous vous adressez aux préhistoriens, ils vous diront que l'on trouve des foyers il y a 400 000 ans mais que des feux peuvent être considérés comme délibérés dès 1 400 000 ans. Où allez-vous placer le début de l'homme là-dedans ?

Si vous prenez la sépulture en tant que telle, elle n'est pas si ancienne 100 000 ans peut-être. Personnellement, j'ai toujours tendance à rechercher les origines plus loin, et je demeure impressionné par les bris de crâne possibles de l'Homo erectus. Alors est-ce que l'on place le début des rituels vers un demi million d'années, ou est-ce qu'on le met finalement vers 100 000 ans ? Que le feu et la sépulture entrent dans une définition d'un certain niveau de l'homme je veux bien, mais songez qu'avant la maîtrise du feu, il existe des outillages qui représentent un haut degré de pensée, de réflexion, et d'une qualité technique telle qu'il est difficile d'imaginer que cet homme d'avant le feu, celui de 6 à

700 000 ans par exemple, ne soit pas un homme au sens plein et même au sens conscient du terme. Alors, je ne suis pas sûr que feu et sépulture soient des éléments à prendre dans une définition.

Bernard Vandermeersch. — Je voudrais apporter une précision et en même temps peut-être une réflexion à propos des premières sépultures et du fait sépulcral. La sépulture la plus ancienne que nous connaissons actuellement a été trouvée dans la grotte de Qafzeh en Israël et est datée de 95 000 ans. Ce qui est peut-être intéressant à signaler c'est aussi qu'il ne s'agit pas d'une sépulture simple mais d'une sépulture avec offrande. Deux autres points sont à préciser à son sujet : c'est effectivement la sépulture d'un Homo sapiens sapiens, et plus précisément d'un homme de morphologie moderne. Autre remarque : cette sépulture est réalisée dans un milieu culturel particulier qui est le moustérien. C'est une civilisation qui, jusqu'à plus ample informé, a vu naître les sépultures. Pendant le Paléolithique moyen, nous n'en trouvons que dans les gisements moustériens. Les sépultures qui ont été évoquées tout à l'heure, pour la France en particulier, les sépultures de la Ferrassie, de la Chapelle-aux-Saints, et bien d'autres encore, correspondent plutôt à la fin de la période moustérienne, vers 40 000 ans. On trouve ensuite des sépultures dans presque tous les milieux culturels. Mais, j'insiste sur ce fait, de 100 000 jusqu'à 40 000 ans la sépulture est exclusivement moustérienne, et réalisée soit par des Néandertaliens soit par des hommes modernes. Il me semble que ceux qui vivaient en dehors de la culture moustérienne, en Afrique Orientale, en Asie ou ailleurs, n'en étaient pas moins hommes au sens plein du terme. Je crois donc que la sépulture a été une découverte tout à fait essentielle dans l'histoire de l'humanité et dans la relation que l'humanité entretient avec ses morts, c'est-à-dire d'une certaine façon avec elle-même, mais je ne suis pas sûr que ce soit un des critères d'hominisation, un des critères de l'homme.

Père Feder. — Puisqu'il s'agit de définir l'homme, je me permets d'intervenir. J'ai été un peu étonné de ce que disait Monsieur Debenath, à savoir qu'à partir du moment où l'on est arrivé à l'Homo sapiens, l'hominisation est achevée. J'ai l'impression que dans une perspective évolutionniste, il n'y a pas une succession de barreaux équidistants qui permettraient de faire une histoire du vivant sur une échelle stricte, mais que l'hominisation est un mouvement constant qui dépasse l'homme lui-même. Il y a d'une certaine manière une hominisation préalable à l'homme et c'est comme ça que j'entends souvent le discours de Monsieur Coppens. Je pense aussi que, même quand on est arrivé à l'Homo sapiens, l'hominisation n'est pas finie. Une parole d'un père de l'église nous dit : *deviens ce que tu es*. Ceci me paraît extrêmement important à partir du moment où il y a un progrès d'être vivant.

André Dèbenath. — Je maintiens la question que j'ai posée tout à l'heure. J'aimerais que mes collègues paléontologistes définissent exactement l'hominisation.

Yves Coppens. — Je vous ferai remarquer que je n'ai pas employé le terme d'Hominisation.

Bernard Vandermeersch. — Je suis tout à fait d'accord avec ce qui vient d'être dit. Il suffit de regarder le comportement de certains de nos contemporains pour se rendre compte qu'il y a beaucoup de chemin à parcourir pour atteindre ce qui est pour nous un idéal que nous avons construit. Autrement dit l'hominisation ne peut être conçue que comme un processus sans fin. Il n'empêche qu'il y a des transitions, des changements, même si ces changements ne correspondent pas à des seuils, à des limites, à des ruptures, comme on aimerait peut-être en avoir afin de *classer* plus facilement. C'est évidemment plus difficile face à un long processus, d'introduire une limite, mais il y a quand même, pour moi, des points qui sont plus importants. On a parlé de comportements pré-humains, on a parlé de l'outillage chez des êtres qui ne sont pas des hommes, on parle quelquefois de pré-langage, on a même parlé de proto-langage pour des groupes d'animaux, je ne reprends pas tous ces termes à mon compte mais je constate qu'ils sont employés, ce qui veut dire qu'il n'y a pas véritablement de commencement et que chaque fois que l'on cherche à déterminer l'origine de ce que nous considérons comme l'une de nos caractéristiques les plus fondamentales, on s'aperçoit qu'elle nous échappe. Elle va plus loin que l'homme.
J'ajoute encore à tous ces processus l'inversion progressive de l'importance relative du biologique et du culturel. Je crois que chez les Australopithèques chers à Yves Coppens, le biologique reste un facteur dominant, bien que ce soient déjà des êtres de culture. Pour nous actuellement, et Dieu sait si le biologique nous est quelquefois difficile à supporter, l'essentiel de nos activités s'effectue en fonction du culturel saisi dans le sens le plus large. Dans l'histoire de l'humanité il y eut à un moment une inversion entre les deux et ceci a certainement été un des éléments clés. Ce qui ne veut pas dire qu'avant l'inversion nous n'ayons pas été en présence d'hommes. L'hominisation, vous avez raison, c'est tout le processus.

Claude BENSCH. — Il me semble, sans m'en plaindre, que nous revenons au débat d'il y a deux ans sur " les origines " et qu'on s'écarte un tout petit peu du problème " société ". Je poserai à nouveau une question de profane : est-ce que l'on est en mesure de déterminer ce qui différencie le groupe social des chimpanzés, du groupe social pré-hominien ? Y a-t-il des critères pouvant déterminer et permettant de marquer nettement un seuil et, d'autre part, est-on en mesure de situer l'apparition de ce que nous appelons *la famille*, non point la famille que nous connaissons maintenant, mais au moins une unité qui se serait constituée en un noyau centré autour de certaines personnes génétiquement proches, aux liens relationnels très précis, et qui se différencierait du groupe social élargi ?

Bernard VANDERMEERSCH. — Je crois qu'il serait intéressant de donner une double réponse, aux deux extrémités de la chaîne. D'abord d'Yves COPPENS qui travaille sur ces sociétés les plus anciennes et peut-être du Professeur SUZANNE qui travaille sur les populations actuelles.

Yves COPPENS. — Je crois que pour des raisons de contraintes climatiques, la famille apparaît très tôt dans le monde des hominidés et même dans le monde pré-humain. Quant à la différence entre société de primates supérieurs et sociétés humaines et hominiennes à l'origine, je pense qu'elle n'est que quantitative, et concerne la connaissance et l'inter-relation entre ses membres. Quand Edgar MORIN décrit le passage des primates à l'homme, il parle en ce qui concerne les sociétés humaines d'un certain degré de connaissance, de savoir, de savoir-faire, de mythes, de rites transmis par la mémoire. Cela veut dire qu'on s'accorde au moins sur le niveau quantitatif plutôt que sur un seuil.

Charles SUSANNE. — Toutes les questions qui ont été posées jusqu'à présent tournent autour d'un essai de définition de l'homme. Je crois tout simplement qu'il faut s'avouer à soi-même que lorsqu'on pose cette question on ne pose peut-être pas seulement une question scientifique mais plutôt une question philosophique. La seule réponse possible du scientifique à ce niveau c'est tout simplement de dire que cette évolution est continue. Et lorsqu'on donne des datations, ce sont, bien entendu, des datations indicatives. Lorsqu'on dit l'art a 40 000 ans, je pense qu'il n'y a personne dans la salle qui pense que c'est le 1er janvier de l'an 40 000 ! C'est un processus tout à fait continu et il est utile d'admettre la continuité de ce phénomène. Il n'y a donc pas de seuil et il n'y a pas de définition.

Madame Chauvin. — Je me permettrai de faire un petit retour en arrière à propos de la définition de l'homme qui fait du feu et enterre ses morts. J'ai l'impression que Monsieur Coppens pensait hominisation et pensait surtout évolution dans le temps pour l'apparition de l'homme. Nous étions un peu sur une autre longueur d'onde, en pensant plutôt *hominité*, c'est-à-dire différence sans tenir compte du temps et, si l'on regarde un peu autour de nous, on peut toujours trouver des prodromes d'outils chez tel ou tel animal ou des prodromes de langage, mais on ne trouve nulle part des prodromes d'utilisation du feu, ni, à ma connaissance, du culte des morts. Je crois par conséquent qu'on ne se place pas sur le même niveau de discussion. Une autre remarque à propos de la famille : on parle beaucoup des singes, mais je dois dire que le sens de la famille apparaît très nettement chez les oiseaux. C'est l'essentiel de mes remarques.

Rémy Chauvin. — Je voudrais ajouter un mot à propos du prodrome du sens esthétique. Je pense à l'offrande nuptiale, totalement ignorée chez les singes. Que dites-vous des femelles qui pour s'accoupler demandent que le mâle leur offre une fleur ? Ce sont des choses qui existent chez les oiseaux mais pas chez ces animaux épouvantablement grossiers que sont les singes ! (rires).

Yves Coppens. — En effet, Madame Chauvin, je me place dans une perspective temporelle et je n'arrive pas à penser autrement. Ceci dit, je suis tout à fait d'accord avec vous pour dire qu'on peut trouver effectivement des prémices de l'art sous une certaine forme, des antécédents de l'outil sous la forme d'autre chose, mais que l'on ne trouve pas de précédent à la maîtrise du feu, ni à la construction de sépultures. Il est vrai qu'à partir de ce moment-là, il est clair qu'il s'agit de l'homme, mais je crois néanmoins que l'homme, au sens philosophique du terme a, dans le temps, précédé cela de beaucoup.

Question. — À vous entendre, on a l'impression que les sociétés animales sont en train de démarrer une évolution... Les hommes, eux, ont commencé il y a des milliers d'années. Sans faire de science fiction, est-ce que l'on ne pourrait pas envisager que dans des milliers d'années, l'homme aura disparu et qu'il reste une société animale très évoluée ?

Bernard Vandermeersch. — Certes, toute société, tout groupement, évolue et se transforme, c'est vrai pour tous les groupes d'animaux depuis qu'ils sont apparus. On peut envisager, chez certains groupes de micro-mammifères des évolutions tout à fait étonnantes au cours d'une période relativement brève, mais je crois que pour le moment nous n'avons pas trop d'inquiétudes à avoir à leur sujet.

Michel Suffran. — Je voudrais dire un petit mot qui encore une fois n'a aucune base scientifique en l'occurrence, peut-être est-il philosophique ou même spiritualiste, sur l'idée, séduisante intellectuellement, que l'homme soit, non pas le produit, mais l'étape toujours différée, intermédiaire d'une hominisation continue. C'est à la fois d'une certaine manière apaisant pour la pensée et en même temps extrêmement vertigineux, irritant et peut-être aussi dangereux. Je me demande si, dans la pire hypothèse, l'homme n'est pas un rêve que l'homme fait de lui-même. Dans ces conditions-là, si on ne peut pas définir l'homme, et je crois en effet que l'on ne peut pas le définir, ni d'une manière biologique, ni d'une manière pragmatique, ni d'une manière religieuse, ni d'une manière culturelle, si donc on ne peut pas définir l'homme avec un territoire et des frontières extraordinairement tranchées par rapport au reste de l'univers, l'homme reste de toute façon à la recherche de son identité. L'idée que l'homme ne puisse pas être défini autrement que par une espèce de perspective fuyante dans le cours de l'évolution des espèces a quelque chose d'extraordinairement dangereux. Mais c'est un danger qu'il faut assumer. Je pense que sur un autre point, mais cela n'a aucune valeur comparative, au passage de la matière inerte à la substance vivante, on peut comprendre qu'il y ait un seuil, mais peut-être ne peut-on admettre non plus que c'est un seuil. On ne peut pas définir un seuil de l'hominisation, de l'apparition de l'homme en tant qu'entité ou réalité telle que nous la concevons si l'on ne prend pas effectivement en compte certains critères qui eux n'ont aucune valeur scientifique. Mais à ce moment-là je pense que certaines fumées peuvent se lever à l'horizon. C'est un danger très profond qu'il est peut-être difficile d'assumer aujourd'hui après certaines expériences ou certains rougeoiements dans la perspective d'une histoire qui n'est pas si éloignée.

Bernard Vandermeersch. — Nous sommes, dans le fond, en train de discuter de la définition de l'homme, mais en partant de ce que nous sommes, c'est-à-dire de l'homme actuel. Et nous nous interrogeons, nous essayons de retrouver ce que nous croyons avoir été notre identité à des périodes de plus en plus anciennes. Ce n'est pas un paradoxe que je veux mettre en évidence ici, car je suppose que les Australopithèques et les Homo erectus ne devaient pas avoir beaucoup de problèmes quant à leur identité par rapport au reste du monde. Ce qui est très difficile c'est que l'information qui nous est parvenue venant d'eux est tellement limitée maintenant que nous sommes très handicapés pour bien la saisir. Ce qui fait que nous sommes toujours un peu en train d'hésiter.

Yves Coppens. — Il y a deux ans, nous avions entendu à cette table le Professeur Reisse nous parler de l'origine de la vie. Et il a fait exactement le même type de réflexion que vous-mêmes en disant qu'à l'origine la vie n'avait certainement pas toutes les caractéristiques qu'on lui donne, en quelque sorte a posteriori.

Question. — D'un point de vue philosophique, je pense à un texte de Sartre dans lequel il dit : " l'homme dans la nature est lié avec les autres, ses petits camarades, est lié au travail, et a conscience qu'il est mortel ". Je me demande, après ce que j'ai entendu, si l'homme, l'hominidé, l'Homo sapiens surtout, n'était pas dans la même situation que nous aujourd'hui, de ce point de vue-là, dans la nature, avec les autres, et au travail, sachant qu'il est mortel. Les limites me semblent être les mêmes pour nous que pour ces premiers hommes. Or cet homme-là a une attitude devant ses limites : soit qu'il veuille les dépasser, je pense au sacré et à la religion par exemple, qui veut dépasser la mort et qui satisfait en même temps des aspirations affectives profondes. Je pense à ces limites, à notre volonté d'homme, à notre tendance à nier ces limites, à les oublier, ou à les faire reculer. Dans cette perspective, la science a une attitude de pensée logique et rationnelle devant ces limites réelles. Ne semble-t-il pas que le processus d'hominisation consiste à comprendre le monde autour de nous, la nature, les autres, le problème de la mort, et les attitudes fondamentales dont Yves Coppens a parlé ? C'est le problème de l'apparition d'une conscience à travers la fabrication d'outils, à travers le travail, ce qui me paraît être le développement de la pensée rationnelle. On me parle d'hominisation : l'homme est quand même un être pensant et la qualité dont Monsieur Coppens a fait une éblouissante démonstration, c'est la rationalité de la pensée humaine. Je ne vois pas très bien comment on ne parle pas du tout de cet aspect de progrès, de la rationalité, c'est-à-dire de la compréhension de la nature qui apparaît notamment dans la pensée technique, technologique. Dans la fabrication d'outils, j'aurais aimé que l'on analyse l'homme pensant fabriquant l'outil, compte tenu de certaines données fondamentales qui font que l'outil est une œuvre de rationalité. Si l'on élargit le problème à toute la culture, la culture n'est-elle pas un immense effort de rationalité pour faire reculer les limites dont on vient de parler et pour atteindre plus de liberté ? Quant à la fabrication de l'outil, que pense Monsieur Coppens de la thèse de Bergson selon qui aucun animal ne fabrique d'outils à fabriquer d'autres outils ?

Yves Coppens. — Il est vrai que cette rationalité qui est représentée par l'outil est tout à fait inhérente à la nature humaine. Chaque outil en est un exemple merveilleux. Ceci dit on triche un petit peu en disant que l'on n'arrive pas à donner une limite, à préciser en quelque sorte où commence l'activité humaine et qui ne soit qu'humaine. Je suis tout à fait convaincu qu'il y a une continuité, d'où la difficulté des seuils, dont parlait Charles Susanne, mais je suis aussi persuadé qu'à partir d'un certain moment, dans cette continuité, on atteint une étape, l'outil au second degré, l'outil fabriqué avec un autre outil par exemple, étape qui n'a semble-t-il pas été atteinte par l'animal. Il suffit d'ailleurs de comparer notre société actuelle aux sociétés animales, on n'a pas beaucoup de mal à les distinguer. C'est dans la perspective de l'histoire que ces questions se posent. Mais je suivrai parfaitement les paroles de Sartre que vous citez et, dans une certaine mesure, s'il était en face de moi, je demanderais à Bergson en fonction des données que je lui apporterais aujourd'hui et qu'il n'avait certainement pas, qu'il précise un peu sa pensée.

André Debenath. — À propos des outils, il ne faut pas perdre de vue que le préhistorien ne dispose que d'une partie de l'outillage qu'utilisaient les hommes préhistoriques. Tout ce qui est périssable nous ne l'avons plus. Nous n'avons pratiquement que la pierre. Les objets en bois sont extrêmement rares, en corne ils ont complètement disparu, et l'outillage en os arrive assez tardivement. Il est certain qu'au départ les Australopithèques ont utilisé des galets et les ont taillés. Puis on voit l'outillage diverger en deux voies : les outils sur galets s'affinent, mais se maintiennent et apparaît une taille plus complète qui nous conduit au coup de poing biface. Ensuite, avec la technique Levallois, on observe une certaine rationalité dans la fabrication de l'outillage. Car le concept Levallois ce n'est pas seulement faire un outil prédéterminé, c'est l'apparition du projet. Lorsque l'homme préhistorique ramasse un rognon de silex dans la mine, dans les sédiments dans lequel il se trouve, dans le calcaire ou dans une argile à silex, à ce moment il ne voit pas simplement le rognon mais l'outil qu'il va faire. Et toute une chaîne opératoire extrêmement complexe va se reproduire chaque fois, impliquant l'enseignement de cette technique à ceux qui vont l'utiliser. À partir de ce moment-là, la technique est stéréotypée, presque industrielle, répétitive. Puis, beaucoup plus tard, on utilisera des outils pour fabriquer d'autres outils, c'est-à-dire des outils en silex pour fabriquer des outils en os. Mais ce concept apparaît relativement tard dans l'histoire, au cours de la glaciation mindélienne. Auparavant, les Homo erectus fabriquaient déjà des outils, mais ils n'avaient pas ce système de répétitivité, de rationalité dans la fabrication liée à ce concept Levallois.

Claude BENSCH. — Comme je le faisais déjà remarquer, nous sommes en train avec les mêmes termes, les mêmes voies, de reprendre le colloque qui a eu lieu il y a deux ans et nous quittons de loin le problème des sociétés, peut-être parce que cela nous gêne. Je voudrais alors faire une espèce de lien entre les deux, sans quitter l'hominisation, et essayer de revenir aux sociétés. Après avoir remarqué quand même que je ne peux pas adhérer à l'attitude qui consiste à dire que puisqu'une question est gênante c'est peut-être qu'elle n'existe pas, ou qu'il ne faut pas la traiter parce que ce serait dangereux, encore plus quand c'est applaudi dans la salle. Le problème de l'hominisation se pose et doit être abordé quelles qu'en soient les conséquences pour les uns ou pour les autres. Pour l'aborder, nous devons nous baser sur les traces, sépultures, outils, aménagements du milieu, il n'y a que cela, ou bien sur les traces biologiques des capacités crâniennes, les moulages endocrâniens, les études de vascularisation cérébrale. Des problèmes, bien qu'ayant été abordés chez les Australopithèques, sont loin d'être totalement élucidés.
Une question maintenant à Monsieur COPPENS. Depuis quelques années nous voyons une pierre de plus ajoutée à sa théorie. Nous avons vu apparaître la notion d'une grande population simienne qui a subi sous l'influence du milieu une division en une partie qui est restée arrosée et une autre qui devient sèche et, cette sécheresse augmentant, nous voyons commencer à travers ces groupes la protosociété qui va mener à cette grande aventure de l'homme. Vous avez dit que l'évolution ne se faisait que s'il y avait des contraintes extérieures, externes, et dans un temps géologiquement relativement bref, nous avons des hommes en Afrique australe, nous avons d'autres représentants en Auvergne, et vous dites que la mise en place de ces sociétés qui vont devenir humaines se fait à cet endroit-là en Afrique. Puisque la transformation s'est déjà faite sur place, celle de la grande sécheresse, quelle est, à votre avis, première partie de la question, la grande contrainte externe qui a fait courir les gens de l'Afrique australe en Auvergne ? Deuxième partie : vous nous avez dit que pendant très longtemps, l'industrie ne bouge pas, et aussi dans une autre discussion que les industries évoluent particulièrement vite dans des régions de peu de contrainte, puis que les choses se répandent. Ça ne colle plus ! Nous avons une contrainte qui fait émigrer, mais cette contrainte ne fait pas évoluer l'industrie, je ne comprends pas !

Yves Coppens. — Pour expliquer l'apparition des hominidés, je n'ai fait en quelque sorte qu'utiliser un cas particulier de ce que l'on appelle une cladogénèse péripatrique, ce qui est classique en évolution animale. On explique une espèce nouvelle par l'isolement d'un petit groupe à l'extérieur de la souche, et l'isolement de ce petit groupe sous les contraintes environnementales locales fait que, petit à petit, il se détache génétiquement du grand. L'explication dont je suis fier s'inscrit finalement dans une perspective de paléogéographie classique. Ensuite on constate que lorsqu'on passe des pré-humains aux humains, par une autre contrainte environnementale ; on observe une différence de morphologie et de comportement parce qu'apparaît une différence d'alimentation. Les Australopithèques sont plus végétariens que ne le sont les Homo habilis et ceci se traduit dans la morphologie dentaire, dans le profil d'usure des surfaces des dents, dans le type d'utilisation des outils et dans leurs fonctions. Et, constatant que le pré-humain est plus sédentaire que ne l'est l'homme, j'attribue ce changement de mobilité à un changement de comportement. Autrement dit : l'Australopithèque est resté tranquille-ment dans son milieu végétal africain, tandis que l'homme a bougé parce qu'il mangeait de la viande. Que les outillages européens aient de deux millions cinq cent mille ans ou un million d'années, cela ne m'importe pas. Je pense qu'actuellement toutes les données s'organisent, dans le schéma cohérent que je présente à la fois du point de vue anatomique et du point de vue chronologique. Les êtres humains, les hommes fossiles, que l'on rencontre à travers le monde entier, entrent dans ce schéma d'extension des foyers africains à l'ancien monde, puis au nouveau monde. Au fil des découvertes, ce schéma devient une sorte de vérité statistique.

Les datations dont on dispose ont par ailleurs une marge d'erreur. Lorsque l'on calcule un déplacement d'une population de l'Afrique de l'Est au Massif Central, à raison de cinquante kilomètres par génération, il faut environ quinze mille ans pour faire le trajet. Quinze mille ans, c'est inférieur à ma marge d'erreur. C'est pour cette raison que cela me paraît être un événement extrêmement rapide. Il y a des limites aux perceptions. Ceci dit je ne mettais pas les galets aménagés avec les Australopithèques, mais avec l'Homo habilis. Cet homme qui a un outillage, une alimentation, un comportement nouveaux, invente les galets aménagés. Mais, comme je l'ai précisé, nous observons à cette époque une inertie dans le développement technologique par rapport au développement biologique. C'est l'inverse qui contrarierait ce que je vous ai proposé.

Question. — Je voudrais évoquer ici ce qu'a dit Tobias, un des meilleurs spécialistes de l'étude de ces problèmes qui faisait une distinction méritant d'être discutée entre deux niveaux d'outillage et deux niveaux de développement de l'humanité. Parlons des Australopithèques et des Homo habilis par exemple. Il considère qu'il y a un moment où l'outillage a été inventé, a servi, mais qu'il n'était pas indispensable à la survie du groupe. C'est-à-dire que le groupe en faisait mais s'il n'en faisait pas, il ne disparaissait pas pour autant. La différence qui caractérise le genre Homo habilis, c'est qu'il y a un renversement qui s'opère : l'outillage devient un élément indispensable de la survie du groupe. À partir de ce moment-là, il est bien évident que le dynamisme du développement technologique va être tout à fait différent. Cela me semble un élément intéressant dans la relation des premiers représentants de l'humanité avec l'outil. Il y a un moment où cette relation a certainement dû changer, et probablement dans ce sens-là. Ce qui change bien évidemment tout le développement de la société.

Question. — J'aurais aimé avoir quelques précisions sur la différenciation des tâches à l'intérieur des premiers groupes humains. A-t-on par exemple des éléments permettant de définir ou de supposer l'existence de métiers ? On a parlé de la division du travail à l'intérieur des groupes humains, j'aurais préféré des développements plus dynamiques, notamment sur le concept d'accélération, de différenciation, de régression éventuellement. A-t-on constaté cela dans des tribus ou des sociétés, des pré-sociétés ?

Yves Coppens. — On pense que lorsque la société s'est organisée, s'est resserrée, lorsque l'homme a changé sa nourriture, il a fallu à la fois cueillir et chasser. La répartition et la grande différenciation sexuelle du travail pourraient apparaître en quelque sorte dès l'homme, c'est-à-dire dès trois millions d'années. L'homme plus disponible, sans enfant à ses trousses, pouvait mieux chasser, et la femme plutôt cueillir. Ceci est vraisemblable, mais il n'en existe pas de preuve, de démonstration au sens scientifique du terme. L'exemple des sociétés de chasseurs actuels est intéressant mais l'on ne peut en aucun cas l'extrapoler aux sociétés préhistoriques. Cependant, ce modèle donne des informations. Chez les Inuits par exemple, qui chassent plus qu'ils ne cueillent, la chasse est exclusivement faite par les hommes. Les Inuits nous ont aussi montré comment ils se déplaçaient et comment ils agrandissaient leur territoire, ce qui est peut-être un modèle pour comprendre le mouvement de l'Afrique de l'Est au Massif Central ou ailleurs : lorsqu'un groupe Inuit a suffisamment d'alimentation, ce groupe grossit démographiquement et, à partir d'un certain seuil, le groupe éclate, et de petits sous-groupes d'individus vont quitter la société mère pour aller chercher de nouveaux territoires de chasse et s'implanter quelques dizaines de kilomètres plus loin. De proche en proche, on peut ainsi comprendre le mouvement des hommes.

Georges Balandier. — Finalement, on a le sentiment que le hiatus entre l'homme et la nature s'efface et que l'on voit l'homme naître, émerger de processus naturels qui existaient avant lui, se prolongent avec lui et vont peut-être se prolonger après lui, mais qui se sont focalisés dans l'homme, et deviennent donc une espèce de faisceau de processus existant dans la nature, et que l'on retrouve aujourd'hui ailleurs. Cela renvoie à des interrogations que nous nous posons dans nos sociétés. Coppens disait que nous avions bâti une gigantesque bulle culturelle qui nous faisait perdre de vue la nature qui nous entoure. Je pense qu'il y a une prise de conscience progressive et que cette définition de l'homme coupé de la nature est une définition que nous avons petit à petit produite et qui n'existe pas dans d'autres sociétés. En tant qu'ethnologue, je ne vis pas nécessairement ailleurs. Il y a donc là une leçon d'humilité et une interrogation à se poser sur le statut de l'homme dans la nature.
Pour définir la société, pourquoi ne pas employer le vieux critère de Durkheim qui a fait son chemin, soit “ un fait est social quand il produit de la contrainte ”. Ce qui veut dire que quelque chose est produit par l'homme, qui le dépasse, qui va plus loin que lui et qui s'impose à ces individus. Et ce quelque chose produit par l'homme c'est du pouvoir et de la signification, c'est du sens qui se transmet et qui s'apprend. Il semble que cela aussi ça se trouve dans les sociétés animales. La question se pose : y a-t-il du pouvoir ? Il semble qu'il y a peut-être du sens qui se transmet. Mais l'homme va porter plus loin qu'aucune autre société un degré de complexité que l'on ne trouve nulle part ailleurs. Il me semble que c'est peut-être cette espèce de convergence qui se retrouve et dans l'homme et dans les sociétés humaines, qui est épars, présent ailleurs et qui se concentre là.

Bernard Vandermeersch. — Merci de cette très belle manière de dire les choses. C'est la conclusion tout à fait remarquable que nous espérions.

SOCIÉTÉS TRADITIONNELLES

Georges Balandier
Professeur à la Sorbonne
Directeur d'études à l'IHESS

Y a-t-il, à notre époque, une définition précise de l'homme ? Cela ne va pas de soi, et il ne va pas d'avantage de soi qu'il y ait une définition claire des rapports de l'homme à son milieu et à ses multiples environnements.

Pour aborder les Sociétés Traditionnelles, permettez-moi, dès le départ, un bref détour. En toute période de transition, et la notre dite de modernité ou de post-modernité en est une, la figure de la société se brouille et la conscience de désordre se renforce ; si bien que l'idée de société ne semble bien conservée, et avoir toute sa netteté, que lorsqu'elle se rapporte à l'univers social de la tradition. Cette formule désigne les sociétés du passé livrées à l'interrogation historienne et les sociétés des mondes dits *exotiques*, qui ont longtemps été abandonnées à la seule curiosité ethnologique ou anthropologique. Il est intéressant de faire ce rappel, car les sociétés de la tradition deviennent à différentes périodes, et encore présentement, des références capables de nourrir la nostalgie contemporaine. Mais ce transfert, qui rappelle d'une certaine façon les engouements anciens pour les bonnes sauvageries, est porteur d'illusions et d'erreurs. Je voudrais d'abord faire le compte des illusions et des erreurs d'appréciation qui résultent de cette expression, un peu déconcertante et désuète : *société traditionnelle* ou, comme je le dis par préférence, *société de la tradition.*

La plus commune des illusions est de réduire ces sociétés à une seule forme et à un seul type. La plus courante des erreurs conduit aussi à définir ce type par un simple jeu d'oppositions (cette espèce de logique élémentaire) qu'exprime la coupure tracée entre la société traditionnelle et la société industrielle ou post-industrielle. C'est un trop simple partage entre les sociétés qui seraient caractérisées par la domination du passé et la conformité à une tradition et les sociétés qui seraient caractérisées par leur orientation vers l'avenir et leur volonté de parvenir à une pleine possession du monde. Je pense évidemment ici à la formule de Descartes, qui renvoie à une entière maîtrise et possession du monde. Ajoutons que l'opposition n'est pas sans vérité mais qu'elle reste trop sommaire sur le seul terrain de l'ethnologie ou, plus largement, de l'anthropologie.

Les sociétés de la tradition se présentent avec une extrême diversité de formes qui rendent difficile la réduction à une seule figure. Diversité par la taille : ces sociétés ne sont pas toutes de petite dimension comme l'a dit en un temps une certaine ethnologie. Sociétés diverses par le nombre des hommes, elles ne sont pas toutes à petits effectifs ; bien que, récemment encore, alors que la science sociale se transforme, on ait pu affirmer : ce qui différencie l'ethnologie de la sociologie, c'est que la sociologie utilise la démarche probabiliste parce qu'elle considère des sociétés à grands effectifs, alors que l'ethnologie ne le peut pas parce qu'elle traite de sociétés toutes postulées de petite taille et à effectifs restreints. Diversité donc, selon ces deux critères, mais diversité aussi en raison des modes de capitalisation du savoir et du savoir-faire, des configurations sociales et culturelles, des systèmes politiques, des hiérarchies de valeurs. Une grande diversité qu'il faut bien prendre en compte et qui couvre le plus grand nombre des effectifs humains.

Pour rendre ceci plus concret, il nous faut accomplir mentalement cet exercice : considérer quelles peuvent être les variations de formes et d'investissements de toutes sortes lorsqu'on passe d'une tribu amérindienne, société ethnologisée, ou d'un campement pygmée, autre société dite de tradition, aux États disparus de l'Amérique pré-coloniale ou aux États traditionnels encore vivants du continent africain. Si l'on y ajoute les sociétés polynésiennes et asiatiques, on découvre que la gamme est fort étendue et que les différences dans les réalisations de la culture et de la société sont nombreuses. Voilà donc, pour ce que j'ai qualifié, à l'instant, de première erreur, la réduction d'une diversité foisonnante à un seul type, à une seule définition : la société (au singulier) dite traditionnelle.

La deuxième erreur d'évaluation, qui a été longtemps entretenue et qui est parente de la précédente, est de voir une société de la tradition comme une figure inversée de la société moderne. Ce qui conduit à la définir comme une société déficitaire, comme une société du manque. On trouve cela dans nombre de textes anthropologiques et ethnologiques qui étaient encore en vigueur et en appréciation il y a seulement dix ou quinze ans. Pour ce qui est de ces déficits, il en est un sur lequel je souhaite insister plus particulièrement. Lorsqu'il s'agit de société de la tradition, il est banal d'affirmer qu'une telle société est exclue du champ historique et, en quelque sorte, condamnée à la répétition d'elle-même. Voilà le manque : la société de la tradition serait une société sans histoire, dans toutes les acceptions que l'on peut donner à ce mot, en utilisant une majuscule ou non. Cette société s'attacherait donc, si l'on suit cette argumentation, à répéter ce qui la constitue dès le commencement et dont le mythe fondateur donne la Charte. Cette illusion tient à une méconnaissance que l'on peut corriger de la manière suivante. Le mouvement historique ne se donne pas à voir sous une forme unique et imposée à toutes les sociétés ; ce qui réfute l'affirmation que, dans le cadre d'un mouvement historique unique, certaines sociétés, plus que d'autres, et nous sommes de celles-là, seraient capables de tirer de celui-ci avantages et progrès successifs, progrès continu ou progrès-rupture peu importe, mais progrès au bout du compte.

La méconnaissance conduit donc à une mauvaise formulation du problème. Parce qu'il y a diversité extrême des sociétés, il y a également diversité extrême des conditions historiques ou, pour parler plus banalement, il n'y a pas une histoire au singulier mais des histoires. Le pluriel est nécessaire et ces histoires renvoient à des conditions historiques fort variables même lorsqu'il s'agit des seules sociétés dites de la tradition.

En fait, cette diversité des conditions ne peut pas être considérée comme désignant une présence ou une non-présence de l'Histoire. Ce n'est pas parce que ces sociétés n'ont pas une histoire semblable à la nôtre et ne sont pas liées à un vécu historique semblable au nôtre, qu'elles sont exclues de l'Histoire. Il faut être clair sur ce point : les sociétés de la tradition connaissent les défis de l'Histoire. Elles ne sont pas des sociétés épargnées par on ne sait quelle sorte de grâce. Les sociétés de la tradition subissent des épreuves, celles d'ordre interne et celles que les conditions extérieures et notamment le milieu leur imposent. Ces sociétés de la tradition sont ouvertes à l'événement et aux aléas, elles engendrent des refus qui brisent la conformité, des discordes, des affrontements ; elles sont aussi génératrices de nouveauté. Elles ne s'abîment pas dans l'ennui et la stérilité des répétitions, elles sont ouvertes au mouvement et n'assurent pas leur simple reproduction de génération en génération.

Comment alors définir la société de la tradition sans trahir la diversité de ses réalisations ? Comment ne pas s'abandonner à la tentation de traduire le pluriel en singulier ? Et comment donc la définir sans la rapprocher abusivement des sociétés de la modernité ? Il y a ici deux pièges : ne faire qu'un seul casier pour les sociétés de la tradition ; ou montrer qu'elles ont une histoire comme les autres et, du même coup, les rapprocher faussement des sociétés de la modernité. On ne verrait alors plus très bien où se situent les distinctions.

Il s'agit moins de proposer maintenant une définition, elle serait trompeuse, que d'envisager des réponses qui peuvent être examinées sous trois aspects principaux : le rapport au passé, l'entretien d'un ordre global, la gestion du mouvement et des effets de désordre.

La relation au passé est une relation au temps, aux temps sociaux, aux temps vécus. Cette relation au passé s'exprime en termes de continuité et de tradition, termes qui apparaissent habituellement dans les discours relatifs aux sociétés anthropologisées : continuité et conformité à une tradition. Ce qui est valorisé, c'est **le temps des origines,** celui des commencements, le temps des fondations et des mises en ordre. On est ici reportés aux mythes fondateurs qui disent comment un monde s'est constitué (monde au sens philosophique du mot), qui donne son assise au savoir, au système des représentations, idées et symboles propres à cette culture.

J'évoquerai un instant l'une des mythologies les mieux connues de l'anthropologie française, celle des Dogon du Mali, en Afrique Occidentale. Elle illustre ce que je viens en partie de préciser. La mythologie des Dogon rapporte le récit des créations à partir de l'aurore des choses. Nous sommes ici au commencement de tous les commencements. Cette mythologie comporte une philosophie (une métaphysique), une théologie, une connaissance et une éthique. Précisons encore davantage : cette mythologie montre à travers un mouvement de créations et de ratages, de succès et d'insuccès, l'organisation finale d'un monde dont l'homme devient la base. Il faut une longue succession d'essais, de la durée, mais aussi de nombreux échecs pour que l'homme enfin surgisse en tant qu'agent de l'Histoire, en tant que porteur d'une conscience du monde. Il faut toutes ces entreprises pour que l'homme paraisse et que le monde s'organise avec lui. Les mythologistes dogons le disent : l'humanité se développe à partir de ce moment-là parce que le monde s'organise sur la base de l'homme. L'humanité se constitue, la vie s'organise sur terre ; il y a une sorte de renvoi du savoir mythique à un savoir pré-scientifique. La vie s'organise sur terre par la répartition des régions cultivables, l'institution du mariage, l'invention et le développement des techniques. Au commencement de toutes choses, c'est-à-dire de toute entreprise de création d'un monde, de mise en ordre générale, se trouvent le lieu façonné par l'homme, la règle édictée par l'homme et l'outil construit et produit par l'homme. Le lieu, la règle, l'outil, tout y est, selon les Dogon, de ce qui fonde en premier l'ordre des hommes.

Ajoutons encore une remarque qui concerne les Dogon, mais aussi bien d'autres peuples et bien d'autres cultures. Cet ordre premier, dont je viens de faire état, ne donne pas seulement à la tradition son origine — et une origine hors de toutes les péripéties historiques, l'Histoire venant après, quand le monde basé sur l'homme est fondé — mais aussi les éléments constitutifs de pouvoir et d'autorité. J'insiste sur ce point : dans toutes les traditions — et HEIDEGGER, dans ses commentaires de la notion d'arché, l'avait noté — se retrouve la double idée que ce qui est originaire a de ce fait une autorité. Parce qu'elle est au commencement, l'origine fonde en fait toutes connaissances profondes et toute autorité. Savoir vrai et pouvoir légitime découlent de ce rapport au commencement ; cela étant apparent dans nombre de pratiques individuelles et collectives. Pour préciser la signification de la tradition, j'en proposerai, à mes propres risques, une définition : la tradition est la somme des savoirs cumulés en référence aux événements et principes fondateurs, par la collectivité qui en procède. Elle exprime une vision du monde et une forme spécifique de présence au monde. Pour ces deux raisons, la tradition renvoie à une réalité première en même temps qu'à un ordre qui la manifeste en s'accomplissant au cours du temps et de manière continuelle.

La tradition porte en elle un noyau de vérités fondamentales dont des *spécialistes* sont les gardiens et les interprètes. En ce sens, la tradition peut être vue comme une connaissance du dedans qui n'est pas accessible à tous et donc nécessairement réservée. C'est la part ésotérique de la tradition, à partir de laquelle une connaissance moins secrète, plus commune, gouverne les manières de comprendre, de faire et de dire. Comment se transmet alors cette part de la tradition qui va être communiquée au plus grand nombre ? Elle se transmet en général par le moyen des initiations imposées, celles que décrivent et commentent les anthropologues. Ces initiations donnent à la tradition sa part d'exotérisme. J'insiste sur ce point : dans toute tradition, il y a du caché. Si j'osais, sans faire trop allusion à des références économistes et politiques récentes, je dirais qu'il y a un noyau dur dans la tradition ! Il y a du caché, du fondamental, à partir de quoi se définit un savoir transmissible. C'est ici que la procédure initiatique joue son rôle. Ainsi, en Afrique où les systèmes initiatiques masculins font accéder aux révélations et progressivement à la pleine capacité sociale. L'initiation est souvent présentée comme la vraie naissance, celle qui importe plus que la naissance biologique. L'initiation apparaît comme la condition de la naissance sociale, mais aussi comme la condition de la capacité d'intervention dans les affaires publiques et, enfin, comme la condition de l'accès à la maîtrise de soi. Entrer dans le social et avoir le droit d'intervention dans les affaires publiques, se connaître mieux et se gouverner, tout cela va de pair et procède de ce cheminement initiatique africain qui s'effectue par degrés. Rien n'est donné d'un coup, des fragments de savoir sont progressivement dévoilés.

Ce cheminement initiatique s'effectue donc par étapes et révèle d'autant plus de pans du savoir que l'âge progresse ; si bien que l'initiation conduit d'un plus exotérique (la connaissance commune du premier degré) à un plus ésotérique (la connaissance ultime détenue par une minorité savante). Il s'opère un partage entre ceux qui reçoivent et ceux qui transmettent, dont l'autorité se fonde justement sur la communication de cette connaissance privilégiée.

Par la tradition, il y a définition d'un ordre. Mais quelle est la nature de cet ordre et comment est-il entretenu ? Il faut d'abord insister sur un aspect de la question : parce que la tradition renvoie au temps des commencements, elle propose un ordre global. Lorsque nous évoquerons la modernité, nous verrons que c'est justement cet aspect qui se trouve remis en cause. Parce que la tradition reporte au temps des commencements, alors que tout s'ordonne et s'organise, elle postule nécessairement un ordre global. Autrement dit : l'ordre des choses, celui des hommes et l'ordre des puissances qui s'imposent aux hommes et aux choses, ne sont pas dissociables. On est en présence d'un univers à forte cohérence, à forte cohésion interne. Ordre des choses, ordre des hommes, ordre des puissances, tout cela est intimement lié. Il importe de souligner ce point : en disant que les sociétés de la tradition établissent entre le réel et elles-mêmes une relation d'équivalence. Elles semblent réelles, le réel est elles-mêmes. Leur ordre et l'ordre général du monde sont indissociables car ils se sont constitués ensemble et continuent à être liés par des correspondances multiples.

Il apparaît ici une conséquence de portée considérable à mentionner : dans les sociétés de la tradition, il n'y a pas séparation de l'homme d'avec la nature ; elles ne s'en séparent pas avec la volonté de mieux se l'asservir. C'est en ce sens que les théories du monde, les théories de l'homme et les théories du social sont globales et unifiantes. Je viens de manifester quelques caractéristiques du savoir associé à la tradition ; il faut préciser que ce savoir, et c'est la différence avec celui que nous élaborons dans nos sociétés aujourd'hui, bien qu'il soit inégalement accessible à tous, reste un savoir global qui se partage selon les degrés de l'initiation et peu selon des secteurs de spécialisation.

Cette définition des sociétés de la tradition conduit à donner la prééminence au mythe comme référence fondatrice, à la pensée symbolique et analogique comme mode d'interprétation et de connaissance, et au rite comme instrument d'action. Le mythe, la pensée symbolique et analogique, le rite, voilà les outils, voilà les moyens. Et pour cette raison, l'univers de la tradition est un univers du sacré. Le sacré s'y trouve omniprésent et impose sa marque sur les lieux, les choses, le corps des hommes. Il gouverne les mentalités, les sensibilités, les pratiques individuelles et collectives. Et le sacré reporte au rite.

Comment le définir ? Le rite est lié au mythe dont il traduit en pratiques certaines des séquences. Il est la mise en œuvre du mythe, mais il ne se réduit pas à ce seul aspect. Le rite apparaît comme un phénomène social d'une grande complexité ; les anthropologues le savent, car ils n'ont pas fini d'épuiser les significations possibles de l'action rituelle. Simplifions : le rite agit sur les hommes par sa capacité à émouvoir, au sens étymologique du mot. Le rite met en mouvement corps et esprit par la coalition de moyens qu'il provoque. Le rite relie aux *puissances* dont il manifeste la présence par un effet mystique dont l'union communielle et la transe donnent la preuve.

Le rite fait appel à la fonction imaginaire ; il exploite le registre symbolique, les informations qui sont constitutives de la connaissance la plus secrète, et surtout, il conjugue les langages, le sien propre, mais aussi la musique, la danse, la gestuelle et les thèmes liturgiques qui lui sont particuliers. Si l'on prenait une image de notre temps, et non pas une image empruntée aux sociétés de la tradition, on pourrait dire que le mythe utilise tous les médias disponibles ; il est, d'une certaine façon, une création multimédias ayant la forme d'un drame indissociable du sacré. En termes de fonctions, il faut noter que le rite travaille pour l'ordre, c'est un outil, c'est un instrument de travail. Ce ne sont pas seulement les anthropologues qui l'affirment, mais aussi, avec une autre autorité issue de temps plus lointains, un grand texte chinois : le *Livre des rites*. Il y est dit que les rites ont une seule et même fin, qui est d'unir les cœurs et d'établir l'ordre. L'harmonie entre les hommes et l'accord au monde, tel est le principe. Les anthropologues étudient les applications de ce principe. Je voudrais entrer ici dans quelques détails, afin de mieux manifester le fonctionnement rituel, en me limitant à trois illustrations.

Première illustration : les manifestations rituelles périodiques associées aux cycles de la nature et de l'activité agraire. Elles sont présentes dans toutes les sociétés de la tradition. Elles ne sont pas encore totalement exclues des nôtres. Comment concernent-elles la question de l'ordre et de son entretien ? Les hommes associent étroitement les régularités naturelles et les régularités sociales en les rendant solidaires. D'une certaine façon, ils naturalisent la société, ils la soumettent à des rythmes réguliers en analogie avec la nature qui est répétitive. Sous cet aspect, ils sont *sécurisés* par la pratique régulière et périodique des rites. Une précision s'impose : si l'on porte atteinte, touche à un secteur de l'ordre, quelque part, c'est l'ordre général, nature et société, qui se trouvera compromis. Les sociétés que les anthropologues étudient sont des sociétés où le pouvoir n'est pas seulement responsable du bon rapport des hommes entre eux, de l'harmonie sociale, mais également du bon rapport au monde. Si la nature souffre de dysfonctionnement, le pouvoir peut être accusé car il est redouté que la société ne soit atteinte par contagion. Dans nos propres pratiques, aujourd'hui, il nous reste le petit rite pauvre du bulletin météo ; il révèle que les variations du temps sont liées d'une certaine façon à nos contraintes de travail, et davantage encore à nos loisirs, mais aussi à nos rapports au pouvoir. Il nous semble que le temps est plus ingrat quand le pouvoir est moins bien assuré. Plus sérieusement, nous rendons à nouveau le pouvoir responsable de la gestion du monde naturel ; ce qui pendant longtemps avait été oublié.

Deuxième illustration : les rites que l'on appelle conventionnellement, et depuis longtemps, rites de passage. Ce sont ceux qui jalonnent le parcours de la vie individuelle. C'est grâce à eux que l'individu devient une personne et un acteur social, qu'il peut gouverner les moments cruciaux de sa propre vie, depuis la naissance jusqu'à la mort. Il y a trois moments principaux que je retiens en ayant présent à l'esprit une littérature anthropologique abondante. Trois moments qui marquent des passages et contribuent au bon ordre de la vie individuelle, à la bonne insertion dans la société et dans le système culturel. C'est tout d'abord l'initiation, qui effectue la socialisation pleine et qui figure aussi la mort de l'enfance. Un peuple du sud Sénégal, les Mandenkas, présente l'initiation comme la sortie définitive du monde des mères, du monde des ventres. On ne peut pas mieux souligner le fait qu'elle assume l'entrée dans le social, qu'elle rompt la dépendance maternelle. En deuxième temps, ce qui est en cause dans ces rites de passage, c'est la production d'une descendance. C'est là où se retrouve la valorisation des commencements, des origines ; il s'agit de fonder ou d'entretenir une descendance. La production d'une descendance entraîne dans un très grand nombre de cas un changement et une élévation du statut social. Les peuples Kongo que j'ai fréquentés naguère, en Afrique Centrale, disaient des femmes qu'elles doivent être des planteuses d'hommes. Être initié, être producteur d'hommes, voilà deux moments forts, deux moments de passage dans le parcours de vie. Enfin, le troisième moment, vous pouvez en quelque sorte le déduire : c'est la mort, la mort qui exige de traiter d'une manière tout à fait spécifique le changement d'état, le changement d'être de la personne disparue et qui requiert de faire obstacle aux forces de destruction.

Troisième illustration : les rites qui permettent de traiter l'événement, l'inattendu, l'aléatoire, ce qui vient bouleverser ou troubler l'ordre des choses. Les rites qui traitent l'événement interviennent en tant que réducteurs d'un désordre réel ou supposé. Leur action se situe dans le champ des conjonctures imprévisibles, redoutées ou néfastes. Les Ndembou de Zambie, peuple qui a été longuement étudié, qualifient les rites que je viens d'évoquer comme des *rites d'affliction*. Ce sont les rites qui permettent de porter remède à ce qui afflige la personne ou la collectivité par l'inattendu, la surprise, par le hasard, par l'événement déconcertant et peut-être menaçant. Ces rites opèrent contre “ les contingences qui désunissent les hommes et les désaccordent d'avec la nature ”.

On peut résumer les procédures principales d'action du rite : les rites périodiques, qui associent à la régularité des cycles naturels ; les rites qui maîtrisent les moments fondamentaux, les passages importants de la vie ; enfin, les rites qui luttent contre l'aléa, le hasard, le sort néfaste ou supposé néfaste. Voilà les conditions d'entretien d'un ordre.

Je précise ici que cet ordre ne peut être celui des sociétés où la modernité opère et, avec celle-ci, les ruptures, les incertitudes. Soulignons donc la différence. Dans un monde non encore démythifié, celui de la tradition, la pensée dissociative, la pensée génératrice de cassure, ne prévaut pas ; si bien que la scission entre la nature et l'homme, entre l'ordre et le désordre, n'est pas plus affirmée que la scission entre l'ordre mythique et l'ordre logique. Voilà peut-être une des différences fondamentales qui font que nous sommes maintenant, avec la modernité et la post-modernité, dans un univers d'une autre sorte, entendez un univers social et culturel d'une autre forme.

Aussitôt s'impose une question : le désordre est-il reconnu dans les sociétés de la tradition ? Le désordre y est-il escamoté ? Autrement dit, seraient-elles des sociétés où rien ne bouge, où rien ne vient *déplacer des lignes* ? Je recours une seconde fois à l'exemple des Dogon du Mali qui donnent une réponse, leur réponse, à la question double que je viens de formuler. Ils ont une claire conscience de la présence du désordre dans leur société, dans leur monde. Ils ont cette conscience parce qu'ils reconnaissent le péril d'immobilisme qui, disent-ils, empêcherait toute marche en avant. Voilà donc un peuple de la tradition qui valide son ordre et désigne, en même temps, le désordre comme un mouvement qui porte en avant et non comme un mouvement de destruction. La narration du mythe le montre avec netteté ; elle conclut à la nécessité de continuelles remises en équilibre, à la nécessité d'agir contre des forces contraires, qui ne sont pas nécessairement, si elles sont traitées de la façon convenable, des forces néfastes. Il y a donc des forces contraires : lesquelles ? Pour ce qui concerne directement l'homme, il faut entendre les forces qui s'opposent en lui, notamment dans le conflit œdipien. Ces forces contraires opèrent dans tous les domaines de la création, car tout domaine est vu comme un lieu de tension, de dislocation possible, et en même temps comme un lieu d'ordre. La tradition n'est pas l'instrument de la pure et simple continuité, n'est pas le moyen de la répétition. La tradition vécue par les Dogon est une tradition qui se veut vivante, capable de s'adapter, d'exploiter les possibles, les circonstances et les conjonctures. Dans un tel cadre, le désordre et le mouvement dont le désordre résulte sont considérés comme une sorte *d'énergie sauvage* qu'il faut maîtriser, qu'il faut domestiquer et convertir en la faisant travailler à des fins positives. Ce qui est extrêmement intéressant dans ces cultures de la tradition, c'est cette idée que le mouvement et le désordre sont énergie. On agit alors à la façon des ingénieurs, des spécialistes de la science appliquée, qui ont maîtrisé les énergies naturelles dans notre univers de civilisation. Il faut faire de l'ordre avec du désordre, de même que le sacrifice fait de la vie avec la mort, de la loi avec la violence domestiquée par l'opération symbolique. Voilà un genre d'opération, technique à sa façon, qui se trouve dans les sociétés de la tradition. Je veux enfin évoquer trois manifestations, trois occurrences, trois aspects de ces traitements du désordre ; en progressant d'un plus connu à un moins connu, d'un plus apparent à un plus ésotérique. Première manifestation : la *fête,* la pratique festive qui est la manifestation la mieux étudiée par les historiens et les anthropologues. Avec la fête, on assiste à un renversement des choses qui s'effectue dans l'effervescence collective. Cela se constate notamment avec une pratique qui a été répétitivement étudiée par les historiens : le *carnaval* de forme ancienne, ou ce qui en est l'équivalent. Je me bornerai à rappeler que les temps carnavalesques sont ceux durant lesquels une collectivité se montre dans une sorte d'exhibition ludique, se libère par l'imitation et les jeux de rôles, par l'ouverture aux critiques et aux attaques en permettant les outrances que la vie ordinaire ne tolère pas. Mais, dans le désordre du Carnaval, se cache un ordre, les historiens, notamment ceux de l'École Française, l'ont bien montré. Je pense ici à tout ce qui concerne le défilé du Carnaval des villes d'autrefois dans lequel la société se présente d'une manière théâtrale. Les trois " ordres " constitutifs, les corps de métier, les groupements défilent selon une hiérarchie stricte. D'un côté, on libère du désordre sous contrôle et pour une durée limitée ; d'un autre côté, on manifeste de l'ordre, celui auquel il faudra revenir une fois la fête passée, et le mannequin du Carnaval brûlé.

Il y a un Carnaval fortement chargé de significations, qui a été étudié par un collègue et ami brésilien, Roberto DA MATA :

le Carnaval brésilien. DA MATA a montré qu'il se situe dans un même jeu de structures que les deux autres grandes célébrations nationales, la fête du Saint-Esprit et la fête de l'Armée. Dans ces trois circonstances on dit la même chose différemment, on vise les mêmes effets avec d'autres moyens.

Deuxième illustration, *le rite*. Il faut ici retrouver le rite, qui peut ouvrir un espace au désordre, qui le libère afin de mieux le contrôler. Il faut connaître cette procédure dont les sociétés de la tradition sont toutes utilisatrices : libérer du désordre dans des conditions propices à sa domestication, et produire ainsi de l'ordre renforcé, réaffirmé. Une institution, que les anthropologues connaissent bien, est celle des clowns ou bouffons cérémoniels chez les Indiens d'Amérique du Nord. Un personnage rituel intervient dans des circonstances qui sont celles d'un drame sacré où l'Ordre des ordres se trouve en jeu. Il a pour état de ne respecter rien ni personne. Sa licence est totale. C'est le personnage qui introduit non seulement de la dérision mais encore de la transgression, de la provocation absolue. Il fait apparaître par ses comportements dans l'espace du sacré et, au cours du rite, un monde et une culture complètement autres. Les significations circulent d'une manière insensée, les langages, les lexiques se bouleversent, les pratiques codées deviennent aberrantes. Plus rien ne tient. La provocation s'établit sur quatre terrains principaux. Provocation, tout d'abord, sur le terrain du sacré : le bouffon cérémoniel, le clown rituel (formule équivalente et indifféremment utilisée par les auteurs) établit avec les Dieux une relation trivialisée. Il emploie le langage banal alors qu'il y a un langage sacerdotal ; il provoque un chambardement de l'ordonnance cérémonielle ; il traite d'une façon grotesque les attitudes cérémonielles. Première libération imaginaire des hommes dans le champ des religions où l'ordre se valide le plus fortement : le domaine du sacré.

Deuxième opération conduisant à une libération imaginaire vécue : celle qui s'effectue sur ce que j'appellerai le terrain de la déculturation ou de l'ensauvagement. Le bouffon rituel s'abandonne à toute une série de conduites de régression totale, de retour à l'état déculturé, à l'état de non culture : jouissance de la saleté, souillure et déchirure des vêtements, utilisation de la poussière, consommation de déchets et de petits animaux vivants, etc. C'est une fête de la sauvagerie qui se retrouve ailleurs, dans un lieu de haute civilisation auquel je ferai allusion. Ce spectacle d'une déculturation, d'un ensauvagement, libère des contraintes de la culture tout en rendant le spectacle intolérable.

Troisième terrain : celui de *la sexualité*. C'est là où la transgression atteint sa plus forte intensité. Les clowns sacrés, les bouffons cérémoniels, portent des simulacres de pénis, exhibent des imitations de vulves béantes, se livrent à des copulations simulées jusque sur les autels. Ils invitent à la licence sexuelle. ils font de la déconstruction du codage sexuel le signe même de la subversion totale de l'ordre. Ils opposent à la sexualité domestiquée une sexualité sauvage. Il font de celle-ci une jouissance suprême et un risque suprême.

Enfin, le quatrième et dernier terrain : l'intervention des clowns cérémoniels se situe alors dans le champ de l'infortune et de la malchance individuelle. Les infirmes de naissance, les infirmes de la vie, sont dégradés, ravalés à l'état d'objet, soumis à d'impitoyables moqueries. Ces gens de l'infortune sont caricaturés et rendus grotesques.

Par cette pratique cérémonielle, c'est une subversion totale qui fait irruption, tout est mis sens dessus dessous, à l'occasion d'un drame sacré par lequel la communauté affirme ses valeurs, ses codes et ravive ses pouvoirs. Il y a jeu de désordre dans l'ordre général. La société qui, en cette affaire, est figurée par l'audience cérémonielle, punit le clown, mais de façon métaphorique : elle punit le clown sacré d'être l'artisan de ce tohu-bohu scandaleux, elle le condamne par le rire ; elle l'agresse parodiquement. Elle en fait une sorte de personnage expiatoire. Les enfants lui jettent des pierres, le lapident. Le désordre joué nourrit la défense de l'ordre. Ceci est si vrai que le bouffon cérémoniel apparaît — hors de ces interventions que je viens de présenter sommairement — dans les débats relatifs à la collectivité. Chez certains des peuples indiens de l'Amérique du Nord, il est membre de la hiérarchie gouvernante, il est associé aux détenteurs du Pouvoir. Ici, ordre et désordre se trouvent alliés dans un mariage qui peut nous sembler singulièrement déconcertant.

Il faut finalement revenir au mythe et aux symbolisations. Le mythe, lui aussi, donne au désordre une figure, divine ou héroïque, dont Dionysos, dans le monde grec, est l'illustration par excellence. Avec Dionysos, il y a ce que j'évoquais à l'instant dans la pratique du clown cérémoniel, un *ensauvagement*. Ses fidèles se comportent comme les grands carnassiers, se repaissent de viandes crues. Je me bornerai, ici, non pas à évoquer Dionysos, mais une figure africaine présente dans les civilisations du Bénin (Ouest de l'Afrique) et dans les civilisations de la diaspora africaine issues des déportations négrières dans les Antilles et en Amérique du sud : la figure de Legba. Elle apparaît sous la forme du perturbateur divin. Legba est un dieu dernier-né qui a la maîtrise de la parole, c'est-à-dire de la communication et des significations. Il a la capacité du mouvement et le don d'ubiquité. Pour cette double raison, parce qu'il sait les mots et parce qu'il peut échapper à la contrainte des lieux, Legba a le pouvoir de ruser avec les contraintes qui fixent l'ordre du monde et de la société. Il ravage les interdits les plus inviolables — et notamment les conventions par lesquelles la sexualité se socialise ; lui aussi fait reparaître une sorte de sexualité sauvage. Il peut s'opposer à tous, y compris à la puissance divine souveraine, au roi gouvernant la société, aux dignitaires. Il est une force de mise en cause continuelle, une sorte de liberté absolue lâchée dans le monde des hommes.

Là encore, ce désordre manifeste la place nécessairement accordée au mouvement dans toutes les sociétés, la place cédée à la liberté même à l'encontre des pouvoirs les plus contraignants car, dans cette région du Bénin, le pouvoir n'avait pas la main légère. Cette figure de Legba apporte du mouvement, de l'inattendu, de la liberté, du droit de contester et de marquer une limite à tout pouvoir. Legba est néanmoins un agent d'ordre parce qu'il se trouve présent en toutes choses, en tout être vivant, en tout homme, quelle que soit sa condition. Il est présent comme un agent qui contribue à maintenir de la liberté dans toute vie ; mais, s'il apporte du mouvement, il met aussi de l'ordre en ce sens qu'il est associé — comme Dionysos d'ailleurs — à des Dieux qui sont des Dieux de l'ordre, des Dieux de la puissance et du Pouvoir. Encore une fois, ordre et désordre se trouvent liés.

Voilà donc les illustrations principales qui montrent à quel point la question du désordre n'est pas absente des sociétés de la tradition ; et de quelle façon elles répondent à ce qui est, dès l'instant où il y a la vie, mouvement générateur d'un désordre qu'il faut réguler. Dans tous les cas, c'est le même principe qui est à l'œuvre : transformer des énergies négatives en forces de cohésion sociale, faire de l'ordre avec du désordre, intégrer l'événement afin d'empêcher toute rupture à la continuité.

Il me semble que l'on peut alors mieux identifier la coupure effectuée par notre modernité. C'est avec celle-ci qu'elle paraît la plus marquée, comme si elle désignait une altérité radicale, comme si nous étions entrés dans un monde différent pour ce qui est de notre rapport au jeu de l'ordre et du désordre. D'ailleurs, une partie de nos doutes relatifs au Pouvoir et à son fonctionnement en sont peut-être une conséquence. Les sociétés de la tradition disposent d'une cartographie de l'ordre et du désordre, elles en ont repéré les lieux et les cheminements. Dans ces sociétés s'entretient la conscience d'une continuité poursuivie au travers de métamorphoses successives, conscience d'une continuité servie par le mouvement et non brisée par son action. Les sociétés de la modernité actuelle, les nôtres, ouvertes à un mouvement porteur de transformations continuelles, porteur d'effacements et d'incertitudes, ne disposent plus que de cartes bougées. Elles s'engagent dans l'histoire immédiate en y avançant à l'estime, comme le navigateur qui ne dispose pas encore des instruments nécessaires à un périlleux voyage. C'est le temps des grandes possibilités mais aussi le temps des grands risques. Le gouvernement du mouvement — pour la raison que je viens d'indiquer, tant des grandes possibilités que des grands risques — requiert de nouveaux apprentissages bien plus que l'emploi des vieilles recettes. La société traditionnelle, par un détour, nous renvoie à nous-mêmes, à nos obligations, à notre responsabilité d'être les producteurs d'un monde habitable, et non les captifs d'une histoire d'où tout sens aurait été expulsé.

DISCUSSION

(Modérateur : Paul Martino)

Paul Martino. — Lorsque j'ai découvert le Sénégal, où j'ai travaillé pendant plusieurs années et dans des sociétés dites traditionnelles, chez les Lébous et les Wolofs, il y avait là, déjà inscrit dans les textes, un prédécesseur qui est ici aujourd'hui, c'était Georges Balandier. J'aimerais lui dire combien j'ai trouvé merveilleuse sa science du détour, c'est-à-dire cette façon si personnelle de faire passer à travers ses découvertes ce qu'il en a tiré pour lui-même et pour nous par conséquent. J'aimerais également qu'il essaie de dire plus personnellement encore quelle est la part de soi, et quelle est la part de l'ethnologue dans sa recherche et comment il s'en est tiré. Nous avons eu la démonstration, si certains d'entre nous ne savaient encore la faire, de la différence de ce qu'est véritablement un anthropologue par rapport à l'ethnologue.

Françoise Efel. — Des questions me viennent du lieu que je connais et où je travaille, c'est-à-dire, dans le champ de mes préoccupations professionnelles, du côté de la thérapie, de la psychanalyse et peut-être aussi de l'écriture. Les questions que je poserai s'agencent autour du point que vous avez noté, de cette période que nous traversons et que vous avez définie comme une période de transition d'une part et, d'autre part, comme une période de rupture. Cela m'inspire une réflexion :

d'abord, la difficulté de penser cette période, et comment la penser, quels outils pour la penser mais aussi des mises en garde. Vous disiez que les réductions sont trop faciles et ce que vous apportez dans votre communication rencontre en moi des représentations, des schémas peut-être erronés, mais enfin quand même des représentations qui sont à l'œuvre, peut-être en effet du côté de l'illusion. Nous sommes là dans une période du *déjà plus* ou du *pas encore* , ce qui m'amène à me demander, dans ce que vous nous avez apporté sur ces sociétés de la tradition, ce qui serait pour nous et ce qui serait pour elles ? Car, en vous écoutant, il m'est venu à l'esprit qu'il y a des lieux, des gens, des registres dans lesquels ces définitions — ce qui est efficace aussi dans les sociétés traditionnelles, notamment dans le traitement du symbolique — sont peut-être à l'œuvre dans certaines institutions, et en même temps dans des instances de la modernité.

Vous citez dans votre livre, ***Le désordre,*** Cornelius CASTORIADIS et cette invitation à changer de logique, c'est-à-dire à se libérer des pensées héritées, ce battement, entre des restes ou entre ce qui plus fortement ferait modèle et ce qui me pousserait à une manière différente de penser, à changer de logique. Les axes principaux que j'en ai retenus, c'était précisément ce qui tournait autour de cette notion de rupture, de la crise du symbolique et de la déperdition du sens. Il est vrai qu'à plusieurs reprises, dans votre ouvrage, vous conjuguez réel et imaginaire avec une sorte d'impasse ou de question qui ne rend que plus vive la question et le traitement du symbolique dans notre société, la question des temporalités et celle de la transmission, voire de l'éthique.

Georges BALANDIER. — Je répondrai à la question de Paul MARTINO, qui me paraît forte et périlleuse. Il me semble que tout écrit scientifique, quel qu'il soit, et quelle que soit la discipline en cause, porte toujours une inscription propre à son auteur. Nous avons toujours dans nos œuvres, présente en pointillé, une autobiographie ; cachée, non écrite, mais néanmoins présente, surtout lorsqu'il s'agit des ethnologues. Je suis en ce moment en train de travailler, par le hasard des choses, sur deux textes qui ne sont pas ethnologiques ou anthropologiques, mais qui touchent à la discipline : l'un concerne Henri LEFEBVRE, l'autre, Erving GOFFMAN, un des fondateurs de l'ethnométhodologie. Au bout du compte, il y a deux œuvres (celle de GOFFMAN est écrite puisqu'il est malheureusement disparu, et celle de LEFEBVRE touche à son achèvement étant donné son âge), deux œuvres qui ont une parenté et montrent comment le scientifique est dans son œuvre et l'œuvre dans la vie du scientifique. Certains d'entre nous l'ont tellement reconnu qu'ils ont éprouvé le besoin de s'en expliquer. Plusieurs ethnologues ont produit des textes de caractère autobiographique, sorte de *journal philosophique*, qu'il s'agisse de Michel LEIRIS, d'Alfred METRAUX et de ses *Carnets* qu'il s'agisse de LEVI-STRAUSS et de *Tristes Tropiques* ou de la génération qui a suivi et à laquelle j'appartiens. J'ai publié un livre intitulé *Afrique ambiguë* qui est autant une présentation de l'ambiguïté de l'Afrique au moment où je la parcourais qu'une représentation de ce qu'était pour moi l'ambiguïté, à ce même moment. Il est vrai que l'on pourrrait, en décryptant nos textes, produire des récits de vie concernant leurs auteurs.

En ce qui me concerne, je peux faire allusion à *Afrique ambiguë*, mais aussi à un livre publié un peu moins de vingt ans plus tard intitulé *Histoire d'Autres*, et qui est une autobiographie intellectuelle. Dans les sciences sociales, nous devons faire ce qui est demandé aux candidats psychanalystes, nous devons nous éclairer nous-mêmes avant de produire le discours savant que nous voulons transmettre. Ma démarche résulte autant des événements propres au temps de mes recherches, que de mon aventure personnelle. Si, avant d'aller en Afrique, et sortant de jeux dangereux dans ma province de l'Est de la France, je n'avais pas vécu un an à Paris, au contact de SARTRE et de CAMUS, si je n'avais pas été proche du groupe des **Temps Modernes,** si je n'avais pas eu à penser ce qu'était le temps d'après-guerre, si je n'avais pas été associé à des débats et à des combats de décolonisation, si je n'avais pas eu tout cela, j'aurais sans doute produit une anthropologie différente. La manière dont j'ai négocié ma vie n'est pas dissociable de la manière dont j'ai négocié ma pensée, mon entreprise de théorisation. C'est ce qui marque ma singularité, c'est ce qui fait que je suis peut-être moins que d'autres inscrit dans les structures paisibles des systèmes. C'est une réponse toute personnelle, très personnalisée. Je tente simplement de montrer que nous avons tous, en écriture cryptée ou en écriture cachée, nos vies inscrites dans nos œuvres. Il est bien qu'il en soit ainsi, parce que cela nous permet de mieux poser la question de l'objectivité. Selon moi, une objectivité ne vaut rien qui est une objectivité qui triche avec les conditions de sa définition, de sa réalisation et de l'énonciation de ses résultats.

Soyons donc clairs là-dessus. C'est parce que j'ai été fabriqué par une discipline et aussi par l'événement et par les Autres (d'où mon livre intitulé *Histoires d'Autres*), que j'ai conduit mon entreprise scientifique comme je viens de l'évoquer.

Je voudrais maintenant répondre aux questions plus redoutables de Françoise EFEL. Là, c'est une autre complication. D'une certaine manière, il est plus aisé de donner une description de soi que de donner une description de sa fabrication théorique et de l'emploi du produit. Je reprends ici une notation que j'emprunte à mon dernier livre *Le*

Désordre, éloge du mouvement : la modernité, c'est aussi ce qui échappe à notre savoir. Il y a " volonté de savoir ", mais il y a difficulté de savoir. La manière dont mon livre est conduit résulte d'un certain agacement face au champ de décombres que nous présente la pensée d'aujourd'hui. Je ne parle pas de la pensée instituée, professionnalisée dans les sciences sociales ou dans les pratiques dérivées, mais de la pensée telle qu'elle se donne à voir et se diffuse avec le large concours des médias. Celle qui a le plus d'audience. Par son effet, notre monde devient un monde sans réel, où il n'y a plus que simulation, simulacre ou " hyper-réel " en quoi tout s'annule. Notre monde devient, serait déjà, un monde du vide, de l'éphémère, où le jeu des modes tient lieu de démocratie douce, où la pensée est faible... Je me suis demandé pourquoi il y avait encore tant de gens qui acceptent ou recherchent par l'exil ce monde-là. Sans oublier, pour un grand nombre, la charge des rudesses de la vie.
En somme, on nous montre un monde qui est irrecevable. J'ai réagi en essayant de trouver non pas des raisons d'espérer, selon une vieille formule un peu usée, mais de trouver des raisons de comprendre. C'est là où je retrouve la question principale qu'a formulée Françoise Efel. Il m'est souvent arrivé dans mon enseignement de dire aux étudiants : nous sommes en un temps où il s'agit beaucoup moins de transformer le monde — il change vite et profondément — que de l'interpréter, de le comprendre, de l'expliquer. Ce qui permettrait de ne pas agir dans l'aveuglement ou dans l'illusion. Je tente, en conséquence, d'utiliser mon expérience d'anthropologue, acquise sur le terrain et non pas seulement entretenue en cabinet. J'ai justifié et illustré ma démarche dans un livre précédent intitulé *Le Détour*. Je tente de prouver qu'il est possible par le détour anthropologique de dire autre chose, ou en tout cas, de dire autrement notre univers de modernité. C'est un procédé plus ancien que certaines des manières de théoriser et des *écritures* d'aujourd'hui le laissent entendre. C'est " être Persan " dans sa propre société. Les Anglo-Saxons, plus que les Français, ont reconnu cette capacité de l'anthropologie. Une théorie et une pratique ont donc été façonnées, avec comme principe de saisir les choses avec plus de distance, sous l'éclairage du dépaysement et avec une naïveté très calculée. C'est ce que fait Goffman qui considère l'asile comme une société étrangère, inconnue, avec ses conventions, ses codages, ses langages, ses ritualisations, qu'il faut explorer et comprendre.
Ensuite, Goffman a appliqué sa démarche à des situations plus triviales, les plus banales des situations de la vie quotidienne. Il a, à sa façon, pratiqué le détour anthropologique, pour traiter de ce qui est autre par le fait de la maladie mentale, ou à l'inverse, de ce qui est de l'ordre de la

banalité apparente où se cache la complexité des situations. Voilà donc une pratique du *détour* maintenant bien connue.
Je tiens à ajouter ici une autre justification de la pratique anthropologique en modernité, une justification qui ne se réduirait pas à souligner le fait que les univers de modernité laissent encore apparaître des " îlots " de tradition et que c'est là un domaine pour ethnologues ou anthropologues. On peut le dire, mais ça ne semble pas être l'essentiel. Le plus important, c'est que nous sommes, nous, gens de la modernité, dans une société, une culture, où il y a tellement de changements et d'inédit que nous avons l'impression, tout en restant dans la même société, de vivre successivement dans des sociétés et des cultures différentes. Vivre avec les images, les images de synthèse et leurs simulations, ce n'est pas vivre dans la même société que celle où la seule radio, la transmission par la parole, commençait à désigner la modernité électronique. Vivre dans une société où l'informatique, avec l'ordinateur domestique, permet cette sorte d'enfermement communicatif, c'est vivre dans d'autres relations sociales.
Diffuser le Minitel, comme le fait l'administration française, c'est diffuser un instrument d'information, mais aussi permettre un autre mode de relations entre les personnes, y compris les relations érotiques. Nous sommes déjà des mondes autres que ceux qui ont pu être les mondes sociaux, culturels de notre façonnage antérieur. Il y a autant d'inconnu produit par nous, autour de nous, qu'il y en avait à la périphérie de nos sociétés, de nos cultures au moment où les ethnologues s'embarquaient pour les pays de l'exotisme. Il y a autant d'inconnu et d'explorations à conduire en modernité, qu'il y en avait naguère dans les sociétés anthropologisées. C'est cela qui importe, car l'anthropologie est la discipline qui s'est voulue interprétative du non-connu, de ce qui est autre, de ce qui est extérieur. Nous devenons nous-mêmes des non-connus, des autres, des étrangers. C'est en ce sens que je plaide pour le recours à la démarche anthropologique.
Françoise Efel a évoqué le statut du symbolique. Il est vrai que nous vivons dans des sociétés où le mode de la production symbolique est bousculé. Un anthropologue, Charles Lecœur, a publié autrefois un ouvrage intitulé : *Le Rite et l'Outil*. Il y a montré justement qu'il est des sociétés où le rite prévaut sur l'outil, et où le rite est outil. Considérer les problèmes de cette façon-là, c'est essayer de définir ce que sont les cantons de la rationalité instrumentale, de la rationalité utilitaire, et de définir ce que sont les cantons de la rationalité symbolique, de la prise sur le monde par le symbole en acte. La démonstration de Lecœur, qui travaillait avant guerre au Tibesti et au Maroc, portait sur la conjugaison, dans les sociétés de la tradition, de ces deux pratiques : rite et outil ne

s'y dissocient pas. On laisse maintenant entendre que les discours de la modernité — après Descartes, après Marx... — sont essentiellement des discours de la coupure, de la séparation. Alors, est-ce que le symbolique comme le réel *fout le camp* ? Je n'en suis pas si sûr. Il y a des métamorphoses du symbolique, mais nous sommes encore peu préparés à l'identification de ces nouvelles figures. Il est cependant un territoire où l'effondrement du symbolique est patent, et qui n'est pas celui de la religion où l'institution ecclésiale est plus atteinte que la charge symbolique et l'apport mythique. C'est le domaine du politique. Une des grandes difficultés du gouvernement des hommes en ce temps, c'est qu'il faut apprendre à gouverner le mouvement. Quelles que soient leurs options, les gouvernants signalent tous cette nécessité. Plus facile à dire qu'à faire. Il apparaît pour cette raison un affaiblissement de la crédiblité du politique. Au-delà, lorsque nous questionnons notre relation au pouvoir, à l'effet de conviction du pouvoir, nous remarquons autre chose. Je parlais à l'instant du rite et de l'outil, il y a maintenant dans le politique plus d'outil que de rite. Il y a une justification technicienne des choix, des préférences, il y a même un partage du pouvoir dans ce pays entre qui a la charge du technique, de la gestion, des " affaires " et qui peut préserver ou tenter de préserver le capital symbolique. Ce qui est frappant c'est une certaine demande de la restauration des figures souveraines, c'est-à-dire de restauration du lieu symbolique du pouvoir. La psychanalyse nous l'apprend aussi, il n'y a pas de pouvoir, il n'y a pas de lieu de pouvoir qui se constituent sur une symbolique effondrée. Au-delà de notre horizon, il y a eu un " phénomène Reagan " qui s'explique de cette façon-là. Il fallait que Reagan fût un lieu symbolique, et peu importe comment la symbolique américaine fonctionne, pour qu'il parvînt à se maintenir durant deux mandats consécutifs dans des conditions particulièrement difficiles. Il a dû être le Grand Communicateur, la figure symbolique répondant aux attentes et faisant obstacle à certaines menaces extérieures, pour que ça marche. Il est vrai qu'il apparaît dans nos sociétés de la modernité une mise en question de la production et du fonctionnement du symbolique, mais je le redis : tout n'est pas nécessairement effacé. Apprenons à devenir les bons débusqueurs du symbolique qui se façonne ou se ravive. Je pense que c'est une action positive de s'y consacrer ; nous en avons besoin.

Paul Martino. — Dans ce court raccourci des *motivations* de votre parcours et retour, vous avez omis l'anecdote de la petite photographie. J'espère que vous ne la reniez pas, parce qu'elle est jolie.

Georges Balandier. — Paul Martino fait allusion à *Afrique ambiguë*, où j'évoque une cour de récréation et le petit personnage que je suis alors, en discussion avec un camarade de classe. Lequel présente une photographie où figure son oncle, chasseur au Gabon, dépoitraillé, puissant, tenant un fusil et un grand singe abattu. Est-ce en cette occasion que mon goût pour l'Afrique, ma désignation de l'Afrique comme étant ma véritable Sorbonne ont leur origine ?

Claude Raynaud. — Il est difficile d'intervenir dans un discours aussi cohérent, aussi puissant, aussi ordonné. On n'a finalement l'impression de ne pouvoir qu'y introduire un peu de désordre, un désordre qui ne pourra être finalement qu'anecdotique par rapport à ce qui fut dit. Je partirai d'un fait de mon expérience d'anthropologue, qui permet de sentir cette rencontre entre le traditionnel et le moderne, c'est un village Soulenqué, du bord du Sénégal, village d'où partent bien des émigrants qui se trouvent en France. La société Soulenqué qui est une société d'ordre, de classe, de caste, avec des normes, avec des captifs, a un foyer, à Paris, dans la banlieue parisienne, où ce village se trouve entièrement reproduit avec ses nobles et ses captifs qui travaillent à la même chaîne chez Renault, avec ses nobles qui, rentrés au foyer, se reposent simplement, et ses captifs qui balaient, qui font la cuisine... Tout le monde participe aux grèves, aux conflits sociaux en France, dans la modernité et, un jour, les captifs rentrent au foyer en disant : " Écoutez, c'est terminé, nous avons les mêmes contraintes, les mêmes difficultés de vie, nous travaillons à la même chaîne, nous prenons le même métro, quand nous rentrons le soir, nous sommes aussi fatigués les uns que les autres, ce rapport ancien ne peut plus durer. C'est terminé, il n'y a plus ici à Paris ni captifs, ni nobles. Que chacun prenne sa part. Les nobles ont rétorqué que ce n'était pas dans l'ordre des choses, dans l'ordre qu'ils connaissaient. Chacun devait continuer à jouer son rôle. C'est alors que les captifs firent grève et que le désordre s'introduisit dans l'ordre traditionnel. Le conflit soulevé est porté à la connaissance du village sur le bord du fleuve Sénégal, où les nobles appellent les familles des captifs et disent : " Il paraît que l'ordre ancien n'est plus respecté maintenant, qu'il n'a plus de sens, de valeur. Alors toi, où cultives-tu ? " Je cultive sur des terres que tu m'as attribuées dans le temps, que ta famille m'a attribuées." " Eh bien, puisque l'ordre d'aujourd'hui n'est plus l'ordre d'autrefois, il n'y a plus de raison que tu continues à cultiver ces terres." Et à ce moment-là, on a vite envoyé des messagers à Paris, communication entre le traditionnel et la modernité, pour dire : " Arrêtez la grève, nous, nous ne pouvons plus tenir ici au village."

Finalement, nous sommes devant des sociétés où l'ordre entre les hommes, les rapports entre les hommes ont le pas sur les rapports entre les choses. Cela renvoie à la question qui nous est posée à nous, anthropologues, et que vous avez si bien exprimée, qui est justement celle des rapports entre les autres et nous, parce qu'au fond, en regardant les autres, c'est nous que nous cherchons à regarder. Je suis tenté de répondre, finalement, qu'ils fonctionnent dans une société où les objets n'ont pas pris leur indépendance, où les choses n'obéissent pas à leur logique propre, les choses sont soumises à la logique de l'ordre social tandis que notre société est une société où les objets ont pris le pas sur les rapports entre les hommes et sur les rapports sociaux. La logique, c'est l'ordre des choses créé par le hasard, par le désordre. C'est la question que je voudrais poser partant de cela : Est-ce que cette part du hasard qui est prise dans notre société n'est pas aussi une part de l'individu qui trouve peut-être sa place dans ce désordre et ce hasard créés par les choses ?

Georges Balandier. — Je pense que votre anecdote montre combien le désordre s'introduit dans les sociétés de la tradition, et combien elles en deviennent de plus en plus difficilement maîtresses. Il est sûr que mon mode d'interprétation doit prendre en compte la complexité des situations de transition qui sont actuellement celles des pays du tiers monde. Néanmoins, l'inscription du traditionnel se maintient. Lors d'un dernier voyage en République Populaire du Bénin, l'ancien Dahomey, j'ai été frappé par le fait suivant... Dans une société où le responsable suprême, un militaire, a adhéré à une définition sociale et politique de l'homme ayant toute la rigueur d'un Marxisme bien *bétonné*, où le Palais Présidentiel se présente comme un centre de toute-puissance, où la rationalité contraignante du pouvoir s'impose et s'appuie sur une symbolique d'État, comment peut-il se produire une résurgence des pratiques religieuses de la tradition, sans qu'elles soient éradiquées ? Il suffit de circuler en périphérie de Cotonou pour voir des temples, des autels nouveaux et même des pancartes publicitaires qui sollicitent une clientèle de gens à la recherche d'une autre croyance, d'une certitude *à l'ancienne*. Il y a une réappropriation, comme si la transition devait être négociée avec l'appui du passé, quelque discours que l'on tienne. La réappropriation du passé intervient souvent lors d'un passage historique. Ainsi, chez les Allemands du temps de Weimar, du temps de la transition. L'école de Francfort a théorisé ce qui se passe durant une période de transition — à la lois du déclin, de la déstructuration, et du refaçonnage. C'est ainsi que s'ouvrent des nouveaux *possibles*. Il y a

tout cela, que les pays d'Afrique affrontent maintenant, avec leur capital symbolique, leur capital de pratiques, leur capital de savoirs...
Nous aussi, nous tentons de nous appuyer sur le passé, sur le patrimoine, non sans embarras qui se manifeste dans une conduite collective qui m'a souvent agacé : la boulimie historienne. Jamais ce pays n'a autant consommé de récits des époques achevées, de biographies historiques, de fictions où les histoires et l'histoire se mêlent. J'ai le sentiment que l'on vit comme si l'on évitait les difficultés du temps présent, alors qu'il faut au contraire les identifier, les interpréter et les gérer. Cette passion des Français exprime pour une part leur manière de se situer, leur hésitation entre des *attitudes* rétrospectives et sécurisantes et des *incertitudes* porteuses de risques, quant à la façon d'aborder le futur.

Jean-Gabriel Gauthier. — Je vous ferai part de mon expérience personnelle sur des populations d'Afrique Noire du Nord Cameroun. Ces sociétés sont avant tout, comme vous l'avez rappelé, des sociétés d'ordre, d'équilibre, d'harmonie aussi, mais cet ordre n'est pas absolument rigide, et il y a une certaine dynamique qui permet à ces sociétés de vivre, ce que l'on n'a pas toujours très bien compris. On représentait les sociétés traditionnelles comme des sociétés rigides, fixées, en oubliant simplement qu'une tradition naît et se nourrit d'ajouts, car s'il n'y avait pas d'enrichissement, il n'y aurait pas de tradition. D'autre part, si ce sont là des sociétés d'équilibre, l'équilibre ne s'y établit pas d'une manière tranchée, à partir de deux termes d'opposition, comme le noir et le blanc, le bon et le mauvais, le bien et le mal, le prohibé et le permis... c'est beaucoup plus complexe que cela ; cet équilibre ne s'établit pas entre des propositions comme a, b, nettement tranchées mais plutôt entre a et c, b représentant une zone intermédiaire dans laquelle il y a justement possibilité d'une dynamique sociale et peut-être de désordre contenu. Chez les Fali, au Nord Cameroun, chaque individu de par son propre statut, de par son appartenance à une classe d'âge, de par son appartenance clanique, jouit de possibilités de mouvement et d'action et dans l'intervalle qui est ainsi défini. Mais, dans cet intervalle, il y aussi possibilité de transgression. On peut constater que dans les mythes de création, il y a souvent au départ une transgression ou un inceste, une faute originelle. Il est dit dans ces sociétés que *tout est ordre, équilibre, dans la plénitude de la création et que ce sont les contrastes qui font l'équilibre*. Il est ajouté aussi : *Mais qui dépasse l'ordre par la volonté de Dieu s'approche de lui parce qu'il le veut, et qui le dépasse trop, retombe sur ce qui est plat, vide, où rien n'existe*. Il y a donc des transgressions qui ne perturbent

pas l'ordre social, et qui au contraire en constituent les éléments clés de la dynamique interne. Certaines sociétés sont amenées à trouver des solutions à des problèmes délicats et avec une certaine élégance, je vais vous en proposer deux ou trois. Chez les Fali par exemple, le vol est puni de mort. Cependant il y a des voleurs parce que le vol fait partie de l'ordre voulu par Dieu. S'il ne l'avait pas voulu, le vol n'existerait pas ; s'il existe, il faut qu'il soit, et donc pour conjuguer cela, on a institutionnalisé le vol ; il y a des clans de voleurs. Cela ne veut pas dire que tous les individus de ces clans soient des voleurs mais ils peuvent voler sans encourir le châtiment. Le vol a donc nécessairement une utilité.
Un autre exemple, proche de ce que vous venez de dire : le rite travaille pour l'ordre. J'ai moi-même assisté à cela et je puis en parler. Dans cette société, qu'un homme meure et que sa mort soit attribuée à un crime, non pas à une cause magique, à une sorcellerie, mais un crime tel que nous l'entendons chez nous, eh bien la famille va en quelque sorte se porter partie civile devant le Juge traditionnel qui va dire aux forgerons habituellement chargés de préparer le cadavre et d'assumer l'inhumation, de surseoir à l'enterrement. On surseoit parce que l'enterrement étant l'occasion d'un grand rassemblement de personnes, il est bien évident que s'il y a des doutes, un soupçon, tout cela peut dégénérer et le désordre s'établir. On ne peut cependant laisser le cadavre sans soins pendant très longtemps, c'est pourquoi on assiste à quelque chose d'assez curieux : la société se retire complètement et se retranche derrière son chef, le chef traditionnel, c'est lui qui a obligation d'accomplir non seulement les quelques formalités auprès de la famille mais aussi qui a la tâche d'accomplir tout le rituel. On assiste alors à ce spectacle tout à fait insolite du Prince qui va lui seul battre le tambour funéraire, siffler alternativement dans tous les sifflets qui normalement sont joués lors des funérailles. Ensuite, c'est lui qui doit prononcer le discours au mort : “ Je viens, moi seul, devant toi… ” et là, ça a une certaine résonance. Enfin, c'est lui qui doit porter le cadavre, aidé par les forgerons. On pourrait alors penser que la société doit féliciter son Prince qui a résolu le problème. Pas du tout. On va le fuir, et on le fuit pendant un mois, quelquefois deux, parfois trois. Pourquoi ? J'ai eu cette explication qui me paraît très judicieuse et que j'ai eu l'occasion de vérifier à plusieurs reprises. Lors de cette circonstance, le pouvoir du Prince, qui lui est donné par Dieu, s'est affirmé. Il a affirmé un peu plus sa qualité devant sa société, mais celle-ci veut ensuite qu'il rentre dans le rang. Il détient une puissance temporelle mais on lui montre par là aussi que s'il n'y a pas d'hommes, cette puissance ne s'appuie sur rien. Ces sociétés sont donc capables de proposer, d'avoir des remèdes à des

déséquilibres et d'une manière fort élégante. Oui, tout cela tombe dans le prévisible car dans ces sociétés, je ne pense pas qu'on navigue à vue. Il y a le prévisible, il peut y avoir des vagues, de petites vagues mais la lame de fond c'est très dangereux. Si on sort du prévisible, je prends l'exemple de la musique, la musique qui s'inscrit dans le rite, qui est quelquefois le rite même. Chez les Fali, les instruments de musique sont surtout représentés par des sifflets, tandis que les Peul ont un instrument dominant qui est le haut-bois. Eh bien, jamais les sociétés Fali n'ont emprunté ce haut-bois, pour des raisons diverses sur lesquelles je n'insisterai pas ici. Tout cela est prévu, entre dans un ordre établi et maintenu. Mais ce que cette société n'avait pas prévu, c'est l'arrivée du transistor ! Alors là, déferlement de toute la musique étrangère. Eh bien, ce déferlement n'affecte qu'une partie de la musique traditionnelle, car cette musique traditionnelle n'est pas un bloc monolithique, il y a la musique sacrée, comme le grégorien chez nous, qui subsiste et qui subsistera longtemps, et puis toute une musique plus profane, la musique d'intimité, et c'est celle-ci qui a subi ce choc sans retour et a complètement disparu, les instruments ont été oubliés, les jeunes gens ne savent même plus ce qu'ils signifient, ils n'en connaissent même plus le son. Voilà un exemple, la société n'avait pas prévu cela et c'est catastrophique.
Je ne sais pas si j'ai tort ou raison, mais je dirai que ces sociétés comme les cultures qu'elles ont engendrées, dont elles se sont nourries, s'intègrent ou disparaissent.

Paul Martino. — J'ai l'impression que se dégage toujours quelque chose qui avait semblé un petit peu mis en question au départ de l'exposé de monsieur Balandier, cette sorte de nostalgie du traditionnel, en particulier chez les Africanistes, et vous voyez comme ça revient. Tout le monde est certainement d'accord sur un point, c'est que cette interrelation mythe-rite non seulement fonde le social mais fonde le sujet, et que si ça fonde le social c'est parce que c'est dans le sujet et réciproquement. Il y a une circularité dans les interactions qui fait que, quand ça disparaît, ça revient, mais que c'est dans la forme que ça change et qu'effectivement, les effets ne sont jamais les mêmes ni peut-être ce que l'on attend. Est-ce que Monsieur Balandier veut répondre à cette question ?

Georges Balandier. — Je voudrais vous réconforter quelque peu. Les métamorphoses existent. J'évoquerai, à ce propos, un peuple du Burkina Fasso, les Bwa, qui ont été longtemps étudiés par Jean Capron. Les Bwa disposent d'un mythe parfaitement original, et même d'une haute abstraction. Il s'y trouve l'idée que la Création est une sorte de divertissement de Dieu. Il lui a fallu introduire l'homme pour jouir un peu du jeu et du spectacle de ses passions et de ses affrontements. Mais, les Bwa nous enseignent en un autre sens : leur mythe rapporte une création multiple, avec des ratés et des reprises. Lorsque le monde apparaît au terme, il n'est pas achevé, fixé, il est mouvement, vie, turbulence. L'homme, la société, eux-mêmes, sont sollicités par l'alliance et l'affrontement, l'ordre et le désordre. Et lorsque les Bwa sont interrogés sur leurs interprétations et leurs initiatives à l'égard des choses d'à-présent, ils donnent une réponse que je trouve magnifique, et que je livre à notre méditation collective : *Ce que Dieu a refait plusieurs fois, l'homme peut le modifier.* Il y a aussi la sagesse des Malinkés du Mali qui se formule en cet aphorisme : *Si dans le monde il n'y avait que des sages, le monde serait déjà fini.*

Jean Brenot. — Je reviendrai en France, dans notre France du Sud, parce que depuis longtemps on voit s'imposer les valeurs des instituteurs envoyés par les Barbares du Nord. Avec les transistors, maintenant, et enfin la radio, la télévision, les gens commencent à ne plus savoir chanter dans l'ancienne langue du pays. Et à côté de cela, nous voyons d'un côté les Basques et de l'autre côté les Catalans se cramponner à leur langue et maintenir une espèce de cohésion. Je voudrais savoir si c'est un combat d'arrière-garde qu'ils mènent en maintenant leur langue, ou si c'est vraiment une société qui se maintient, au sens propre du mot.

Georges Balandier. — Là, je suis saisi au vif. Je dois d'abord préciser que je suis un homme de la francité, mais d'une francité des périphéries, de la bordure méridionale des Vosges. La question posée, comment être sociologue, anthropologue, aujourd'hui, et ne pas la considérer ? Il n'est pas aisé d'y répondre si l'on n'est pas entièrement pris par la logique de l'engagement.

Votre intervention implique en partie une réponse à ce qu'a dit Jean-Gabriel Gauthier en traitant des *disparitions*. Il faut, tout d'abord, préciser que les sociétés ont plus de mémoire, même dans les situations de modernité, qu'on ne l'admet généralement. Dans une époque comme celle-ci, la question de la " mémoire collective ", des lieux de mémoire retrouve toute son importance et conduit à une observation. Les sociétés stockent, quasiment au sens informatique du terme ; elles mettent en " mémoire ", au cours de leur histoire, des informations, des schèmes, des symboles, des images, etc. Mais la banque peut être négligée — je continue mon image informatique — jusqu'au jour où un " programme " permet de la questionner ! Les mouvements *régionalistes* réalisent l'opération que je viens de décrire : ils ont conçu le *programme* qui interroge ce qui était encore tenu en *mémoire* et négligé ou mal utilisé. *Stocké* ne veut pas dire effacé, puis folklorisé et maintenu par artifice.

Je pense, que s'il y a un remploi de ces données stockées par l'histoire, c'est parce qu'il y a, d'une certaine façon, une crise de l'État-Nation. Crise dont la France subit les conséquences plus que d'autres pays, parce qu'elle est, plus que d'autres, celui qui a fait de l'État le lieu central, et le lieu à partir de quoi une unification, une homogénéisation s'effectuent. Mais, je ne suis pas sûr que ce soit seulement l'affirmation des régions contre l'État au moment où celui-ci paraît affaibli. Je pense tout autant qu'il y a une réaction de différenciation dans un monde qui homogénéise. Dans le passé, avec les impositions culturelles qui sont évoquées par Jean Brenot, aujourd'hui avec d'autres moyens. Les médias, les jeux d'imagerie qui nous sont imposés, entraînent une homogénéisation bien plus forte ; comme si tous nous devenions les sujets culturels banalisés d'un univers fabriqué par les images, par les langages les plus communs, *industrie culturelle*. Ce qui me frappe, c'est le fait que la production de culture devient de plus en plus rapidement banalisante, y compris dans ses formes élitaires.

Contre toutes ces uniformisations, la revendication nationalitaire dans le cadre des régions est une forme de réaction. Il en est d'autres, ainsi les refus individuels de la banalisation et la recherche d'un marquage de singularité par divers procédés.

Dans les deux cas se posent les problèmes de l'identité collective, puis de l'identité personnelle, individuelle, confrontées aux conditions d'aujourd'hui. Le discours des sciences sociales a été, en un temps, le discours qui porte directement ou indirectement sur cette question de l'identité. Il fut question de culture du narcissisme, notamment aux États-Unis, dans les années soixante-dix. Nous étions alors placés dans un univers qui ne faisait que nous tendre des miroirs où nous tentions de saisir une image vraie de nous-mêmes, le bon reflet, le Narcisse réconcilié. Mais il n'y a pas seulement cette exploration d'une culture narcissique. J'évoquais tout à l'heure Erving Goffman ; il a étudié la *présentation de soi dans la vie quotidienne* ; de plusieurs lieux apparaît ce problème d'une identité qui cherche à se définir, à se dire et à se construire qu'il s'agisse d'individus séparés, ou de collectifs défoncés par la banalisation.

Docteur Battin. — Ma remarque est dans le droit fil de ce qui vient d'être dit, de la force du symbole, de l'identité personnelle et collective. Vous avez cité le Président Reagan tout à l'heure, sa force, la faiblesse qu'il représentait, mais si nous prenons plus récemment les dernières élections américaines, nous avons face à face un grand et un petit, un mètre quatre-vingt-six, un mètre soixante-huit. Au début, c'est celui d'un mètre soixante-huit qui avait la majorité des suffrages. Nous avons vu le renversement de la situation et je dirais presque : peu importait le discours politique. Ce qui a prévalu, finalement, c'est la taille. Vous me direz que je parle en spécialiste de la croissance. Bien entendu, chacun à son optique, mais 80 % des Présidents des États-Unis, depuis l'origine de ce pays, sont de grande taille. Ce n'est pas moi qui le dis, ce sont les statistiques, les instituts de sondage. Ce qui veut dire, je ne suis pas sociologue, mais je crois que c'est évident, que c'est la référence à l'Anglo-Saxon d'origine, au *Grand* qui venait des pays du Nord, évidemment non pas aux Latins, aux Siciliens, aux migrants de dernière heure qui ont un statut tout à fait différent. Alors, vous voyez, chez nous ça n'a pas été du tout la même chose et il y a beaucoup à faire pour traiter les défauts de croissance.

Paul Martino. — Je voudrais remercier, d'une façon suffisante, et au nom de tout le monde, Monsieur Balandier et les discutants de cette table ronde pour tant de maîtrise, d'humour et de brio.

SOCIÉTÉS MODERNES ET POST-MODERNES

Michel Crozier

Directeur de Recherche au C.N.R.S.

Je ne vais pas traiter du sujet *modernité* tel qu'il est libellé, parce que tout le monde est moderne, que tout le monde a toujours été moderne d'une certaine façon et qu'on ne voit pas très bien ce que veut dire *post-modernité.* Je crois que si cela nous intéresse c'est, pour une part, parce qu'une discussion intellectuelle a sévi en France qui consistait à traiter l'autre d'archaïque. Qui est archaïque ? Post-moderne ? c'est peut-être une façon d'évacuer le problème. Qui est le plus moderne, et ou se trouve la modernité ?

Où peut-on obtenir un brevet de modernité ? On oublie quelque chose de tout à fait fondamental, que j'avance avec précaution mais avec force tout de même, c'est qu'au même moment nous sommes en train de vivre une véritable révolution, non pas au sens politique mais au sens originel du terme, c'est-à-dire une transformation de tout notre environnement et même de nos modes de pensée. Quelque chose de plus fondamental est en train de se produire et que nous voyons d'autant moins que nous sommes fascinés par l'instant et par les disputes autour de la signification de nos positions par rapport à l'instant.

Je partirai de ce qui me semble une très grande tendance : les lourdeurs de l'évolution récente et leur signification. J'en distinguerai ici trois : l'accroissement d'activité aboutissant à une transformation de la nature des problèmes de relation, la complexité des relations, et la liberté des individus au sein de ces relations.

Transformation des activités humaines, nous le voyons, mais nous n'arrivons pas à prendre de la distance. Nous déplorons la désindustrialisation, or la désindustrialisation est le lot commun de toutes les sociétés. C'est le signe de leur avancement. Naturellement, il y a plusieurs formes de désindustrialisation et certaines sont moins bénéfiques que d'autres. De façon très générale, dans les derniers quinze ans, tous les pays très développés ont connu une baisse des emplois industriels de 1,5 % par an . Si vous prenez non pas les emplois industriels en général mais les emplois de travailleurs *col bleu* classiques, c'est une baisse de 2,5 % par an. Beaucoup de faits peuvent se passer qui ralentiront ce déclin, néanmoins la tendance se poursuivra parce que les données techniques sont là. Cela veut dire que la répartition classique des activités est terminée et que la classe ouvrière, sur laquelle s'est fondée toute notre mythologie politique va disparaître très bientôt : elle est déjà en train de disparaître. Derrière ce changement, les activités de production directe, les activités sur la matière, diminuent partout, même dans l'industrie, et ce que les Américains appellent le ***soft*** par rapport au ***hard,*** tout ce qui est préparation, suivi, relation, à l'intérieur, l'extérieur, devient tout à fait essentiel pour l'exécution de la production. La part de production directe a énormément diminué et diminuera encore de plus en plus. Nous sommes en train de vivre un changement que l'on ne peut comprendre que dans une perspective historique, c'est-à-dire si l'on revient à la révolution industrielle. La révolution qui nous éloigne de l'industrie est plus rapide que ne l'a été la révolution industrielle. Le monde actuel est un monde que nous avons finalement formalisé dans le concept société industrielle. C'était le passage d'une société agraire, marchande, artisanale, à une société dominée par des productions de masse et, petit à petit, par une consommation de masse. Nous changeons à nouveau d'activité humaine, ce qui signifie que nous changeons de système de relations, d'orientations et de développement social.

Deuxième tendance lourde : le développement de la complexité des interactions humaines. Nous trouvons les sources de ce développement, non seulement dans le développement des sciences, mais aussi dans celui des techniques. Tout devient technique, ce qui fait que sur n'importe quel problème nous avons une connaissance plus pointue de chacun des aspects du problème et des éléments qui concourent à ce problème, et que pour le résoudre nous devons finalement faire appel de plus en plus à des personnes porteuses de ces connaissances. Finalement, nous avons paradoxalement des problèmes d'interaction plus difficiles que nous n'en avions il y a cinquante ans. Par exemple l'analyse de la façon dont avait été préparée la décision de construction du métro parisien il y a cent ans et celle du RER aujourd'hui montre que c'était plus simple, plus net, plus clair et plus efficace en 1900. Ce qui ne veut pas dire que nous n'ayons pas des décisions très efficaces, mais cela met l'accent sur la complexité d'un problème que, dans ce cas particulier, l'on n'a pas été capable de dominer, alors qu'avec des moyens énormément plus frustes, et sans ordinateur, on en avait été capable en 1900. En 1900, les projections sur l'avenir et les analyses de coût s'étaient révélées à peu près exactes, à 20 % près. En 1960, les erreurs étaient du double au triple. Les projections sur la façon dont le trafic s'organiserait sont apparues beaucoup moins fiables que celles que l'on avait faites soixante ans auparavant. Regardons ce que signifie cette anecdote. Tous les pays se trouvent confrontés au même problème. Certains le résolvent un peu mieux que d'autres mais tous ont des problèmes de cet ordre. La construction d'un aéroport au Canada ou au Japon fait problème. En France cela a été plus facile pour des raisons particulières. Ce que l'on découvre, finalement, c'est que lorsque la complexité augmente au-delà d'une certaine limite, la nature du jeu change.

Un des problèmes essentiels des sociétés qui ont pris de la distance par rapport au référent traditionnel (qui, comme le disait Georges BALANDIER, contient et est capable d'utiliser le désordre, mais qui n'est pas instrumental dans la préparation du changement) c'est la maîtrise de la complexité qui devient le point essentiel sur lequel on achoppe. C'est-à-dire que pour réussir à faire quoi que ce soit, il faut que l'on soit capable de maîtriser la complexité du moment, et quand la complexité augmente de façon beaucoup plus rapide on passe un seuil et la nature du jeu change. Ainsi, nous le voyons relativement bien dans un pays comme les États-Unis, beaucoup de choses nous paraissent complètement bizarres. On n'arrive pas à comprendre pourquoi ils sont si compliqués et pourquoi ils font tant d'erreurs en étant si compliqués. On n'arrive à le comprendre que lorsqu'on voit enfin que la nature du jeu a changé. Il faut jouer à plusieurs bandes de billard et tout naturellement on s'y perd et l'on tombe dans les mauvaises cases. La difficulté à maîtriser la complexité devient donc un phénomène tout à fait déterminant des sociétés.

À côté de cela, mais indépendamment, une autre tendance lourde est liée au développement de ces complexités. La liberté croissante des individus au sein des systèmes complexes constitue la tendance la plus contraignante qu'on découvre à peu près partout. Cette liberté est mal appréciée par les individus car ils se plaignent et nous nous plaignons tous de ne pas avoir assez de liberté. Nous nous battons constamment pour en avoir davantage. Nous nous plaignons d'être contraints. Partout des gens vous disent : la société de masse nous contraint, nous ne pouvons plus rien faire. Notre capacité à prendre de la distance et à réfléchir par rapport au passé est très peu développée et nous sommes aveuglés par le présent. Nous reconstruisons le passé en fonction des problèmes du présent et nous ne voyons pas l'extraordinaire accroissement d'un certain type de liberté que l'on peut récuser en disant que ce n'est pas une vraie liberté, qu'elle n'est pas fondée sur des ressources, sur une culture, etc. La liberté de choix des personnes est cependant incommensurable et ceci a des conséquences très directes aussi bien sur la société, que sur les individus. Liberté de consommation, cela va de soi, même si ces consommations sont standardisées. N'oublions pas qu'en même temps, elles offrent une variété extraordinaire et qu'à travers les produits standardisés, se développent constamment des choix nouveaux de produits plus spécialisés. Nous nous plaignons que cela n'est pas assez ouvert, qu'il n'y a pas assez d'égalité. Mais en comparaison quel éventail de choix possibles ? Et qu'allons-nous y gagner ? Tous les choix de relations, tous les choix de résidence sont possibles, comme les rapports avec d'autres personnes, d'autres cultures. Sans compter les relations d'amitié, les relations sexuelles. Nous assistons à une libération qui nous offre de ce point de vue des choix qui étaient interdits à nos ancêtres. Nous nous trouvons dans une situation dans laquelle tout devient possible et tout devient objet de choix, avec des conséquences qui sont très fortes. D'une part la liberté de choix des personnes augmente la complexité du système (plus les membres d'un système ont de liberté de choix, plus la complexité du système augmente), et en même temps, plus la complexité du système augmente, plus les libertés de choix augmentent aussi parce que dans un système complexe il est beaucoup plus facile de trouver des opportunités. Nous avons donc là un des points sensibles du changement de nature. Mais en même temps que nous avons ce problème pour l'ensemble social, l'individu confronté à cette liberté de choix a beaucoup de mal à y répondre sans être paralysé, sans avoir de profondes difficultés existentielles.

Ce qui caractérise aussi notre société moderne c'est une crise d'identité plus profonde. D'une certaine façon ***la société ça n'existe pas,*** mais chacun de ses individus est porteur d'une crise d'identité. Cette crise est beaucoup plus forte que par le passé et les jeunes la vivent tout particulièrement. Il était plus facile de trouver sa voie quand le monde vous résistait. On avait des frustrations, on se heurtait à des hostilités, on se révoltait, mais le monde avait davantage de sens. Quand vous êtes obligé de vous dire que si vous ne faites pas telle chose, ça n'est pas parce que l'on vous en empêche mais parce que vous n'êtes pas capable de choisir ou que vous n'avez pas la compétence nécessaire pour suivre ce que vous avez choisi, les problèmes deviennent existentiellement plus durs.

Voilà les grandes tendances. Je me permettrai cependant d'ajouter une réflexion plus générale sur la gestion de la société post-industrielle, ou de service. Il va de soi que ce qui est essentiel ce sont les relations. La compétence de type technique, au sens étroit que l'on avait autrefois, devient une compétence relationnelle. Ce qui va faire le succès d'une entreprise, mais aussi d'une personne à l'intérieur de l'entreprise, c'est la compétence relationnelle, la capacité à orienter les activités d'autrui et à accepter d'être par ces demandes d'autrui. À ce moment-là vous voyez le lien qui existe entre une société de service et un monde de complexité. La complexité est indépendante et s'est développée naturellement, en fonction de l'expansion de la science, de la transformation des techniques et de l'économie, de la mondialisation et de la disparition d'un grand nombre de barrières qui font qu'on trouve des substituts à peu près partout. Il faut donc être capable d'être en relation avec ceux qui sont en concurrence avec vous mais que vous pouvez utiliser dans un type de rapport différent. Tout cela augmente de façon considérable la complexité et si nous passons au plan du politique, le fait que les barrières soient beaucoup moins fortes qu'autrefois oblige à négocier avec un beaucoup plus grand nombre de personnes. De plus en plus de groupes ont voix au chapitre et peuvent s'exprimer. Le simple fait que nous découvrions les conséquences secondaires des actions collectives a pour conséquence que l'on va créer des dommages pour d'autres groupes de personnes.

Considérez les problèmes inextricables dans lesquels se débattent nos autorités politiques ou administratives qui doivent consulter tout le monde et qui finalement s'embrouillent dans ces consultations. Elles ne savent pas comment faire surgir une décision raisonnable de cette confusion de pressions contradictoires. Dans le système que nous avions développé et qui était tout à fait insuffisant et inefficace, mais qui était relativement simple en comparaison, l'autorité qui prenait une décision avait un peu de temps pour le faire et elle était protégée par le secret. Le problème du développement des communications rend le gouvernement beaucoup plus difficile. Si tout le monde sait de quoi il s'agit, vous êtes exposé et vous n'avez pas le temps de préparer quoi que ce soit. La décision sera donc beaucoup plus difficile à prendre qu'auparavant, et sera moins bien préparée qu'elle ne l'était il y a cent ans par des gens certainement moins compétents, mais qui disposaient de temps.

En même temps que nous avons des difficultés à préparer une décision, nous avons beaucoup plus de difficultés à la mettre en œuvre car les modèles sur lesquels nous travaillions étaient des modèles où l'autorité avait une aura suffisante pour qu'un minimum d'obéissance aille de soi. On se trouve désormais dans une situation où la liberté de choix des personnes leur permet plus facilement d'échapper à la contrainte et à la règle.

Quelles sont les conséquences les plus profondes de ces grandes tendances ? J'ai parlé de révolution, je veux parler de ce qui en est la conséquence au second degré et qui me semble être un changement de logique. Le monde dans lequel nous avons vécu est celui de la modernité triomphante, une modernité à laquelle nous, Français, avons eu beaucoup de mal à nous adapter (bien que grâce, à nos traditions techniques, nous ayons été parmi les promoteurs de cette société industrielle). Nous y avons résisté davantage que les autres pays européens et que les États-Unis. Ce modèle de modernité auquel nous venons tout juste de nous adapter semble caduc, car il est fondé sur la relation production de masse/consommation de masse. La clé du développement c'était la rationalisation. Rationaliser la production pour produire moins cher, ce qui permet de développer la consommation. La vision simpliste selon laquelle ***il suffit de produire beaucoup et pas cher*** n'est désormais pas suffisante. Cette perspective continue à produire des fruits, mais de moins en moins, et elle est déjà considérablement dépassée dans un assez grand nombre d'activités. Mais nous n'arrivons pas vraiment à le concevoir.

Nous passons donc à une logique fondée sur la haute technologie et les services. Le rapport entre la haute technologie et les services apparaît à première vue plus ténu mais si l'on y regarde de plus près, ce qui mène maintenant le monde et fait changer le système, ce n'est plus la rationalisation. La découverte de la chaîne de production fait partie du passé. L'essentiel est aujourd'hui l'utilisation des nouveaux moyens qu'apporte la science la plus développée pour créer de nouveaux produits et avoir des moyens de production totalement différents. D'anciens produits vont être transformés et la relation forte qui va s'établir est la relation avec les services pour qu'à l'innovation technique corresponde une capacité humaine à se servir de cette innovation. Le rapport essentiel n'est plus un rapport de vente au sens de la qualité intrinsèque du produit ou de l'emballage de ce produit avec la publicité comme super-emballage, c'est la relation qui va s'établir entre la personne qui prend le service et celle qui offre le service (services d'éducation, de santé, de loisirs...). Il s'agit donc de comprendre le client potentiel de telle sorte que ce client puisse faire l'apprentissage d'une autre façon d'utiliser les services. Si l'on prend l'exemple du ski, pourquoi gravir une montagne pour en descendre le plus vite possible ? C'est tout à fait absurde, mais s'il y a apprentissage d'une activité nouvelle cela devient une conquête ! Les inventions du Club Méditerranée sont plus *porteuses* pour comprendre le monde moderne que la vision de la rationalisation à partir du travail à la chaîne.

Alors, dans cette logique nouvelle, quels sont les points clés ? Innovation, qualité, mais une qualité qui n'est plus intrinsèque au produit mais procède du rapport humain. La qualité du produit n'est possible que s'il y a un engagement des personnes, non pas individuellement, mais dans les relations qu'elles ont les unes avec les autres pour parvenir à ce produit de qualité. Le plus important ce sont les ressources humaines. La découverte des ressources humaines vient du fait que dans un système qui n'est plus gouverné par le rapport production de masse/consommation de masse, ce qui fait la différence c'est le bon emploi. Vous percevez la difficulté à trouver un mot adéquat : ***emploi,*** ça fait peine, emploi et mobilisation de la ressource humaine. La seule façon de parler qui soit respectueuse de la culture et des hommes c'est : comment faire pour que les hommes et les femmes se mobilisent ? Ils vont se mobiliser dans l'effort qu'ils feront. C'est ce qui fera la différence.

Il faut préciser les choses. Nous observons une transformation très profonde de la vision de ce que sont les ressources humaines. Ce n'est pas le nombre : dans ce système les gros bataillons perdent toujours les batailles. Ce n'est pas la Chine avec un milliard cent millions d'habitants qui a gagné, c'est le Taiwan de Tchang Kai-Chek qui avait tous les défauts possibles, mais qui, avec vingt millions de personnes, a réussi grâce à un système à lancer un développement qui a transformé ce pays en pays moderne probablement encore plus vite que le Japon. Le développement n'est pas fondé sur le travail non qualifié ; Taiwan comme la Corée du Sud a le plus haut niveau d'alphabétisation et d'instruction du monde entier après le Japon. Tout cela s'est fait en trente ans. La capacité de développement de ce pays est extraordinaire, mais elle ne se fonde pas sur le grand nombre. Elle se fonde sur l'investissement en qualité, avec deux aspects : la personne et le groupe. Pas du tout de la façon dont on concevait autrefois le groupe mais du point de vue de la capacité de coopération d'un petit système-humain. C'est grâce à cela qu'ils ont pu triompher.

Quelles sont les conséquences de ces changements pour la société ? Un changement de logique est extrêmement difficile à accomplir et les changements politiques sont des changements superficiels par rapport aux changements de logique. Nous avons eu beaucoup de mal à passer de la civilisation agraire à la civilisation industrielle. Combien de passions, de conflits très difficiles, de conflits religieux, idéologiques, pour finalement dire que la société industrielle est inévitable et qu'il faut être moderne. Nous retrouvons le même problème, mais avec une capacité de résistance tout à fait extraordinaire. Nous refusons de voir la réalité. Je crois que les problèmes auxquels nous faisons face peuvent s'éclairer à partir d'une réflexion sur ce qu'il y a derrière ce changement.

Au niveau individuel, l'angoisse est tout à fait fondamentale et ne doit pas être négligée. Nous devrions réfléchir au problème de la personne. Nous proclamons l'égalité théorique, mais à travers cette égalité théorique, nous retrouvons des différences ou éventuellement nous en découvrons de plus grandes encore. Certains tout d'un coup ne peuvent pas suivre le train et disparaissent. Nous avons alors des exclus, des marginaux et nous en rendons la société responsable. Mais nous ne voyons pas que le problème est celui de l'infériorité des personnes, non pas une infériorité existentielle, mais une incapacité à suivre le train du monde et à supporter l'angoisse. J'ai été frappé il y a quelques années, en discutant avec des psychanalystes américains qui me disaient : " c'est bizarre mais il y a de moins en moins de complexes d'Œdipe. On trouve des paumés, mais on ne trouve plus de gens qui se révoltent contre le père ". On ne trouve plus personne qui se révolte contre le père parce qu'il n'y a plus de père, parce que tout est tellement ouvert que ce problème n'a plus la même acuité. On est devant une crise d'identité de personnes qui ne peuvent pas faire face au fardeau du choix. Je pense que notre civilisation, notre société, doit beaucoup travailler dans ce sens autour de l'éducation. Comment aider les enfants, d'abord, à faire des choix ? Notre éducation devrait être fondée sur l'apprentissage du choix. Nous leur apportons des menus théoriquement appétissants que nous présentons de la façon la plus rébarbative possible. On assène à ces enfants des vérités qu'ils doivent absolument savoir alors qu'ils ne sont pas capables de choisir parce qu'ils ne connaissent pas assez. Sauf certains d'entre eux par capacité personnelle ou par aide familiale. La majorité n'en est pas capable et elle est perdue. Alors la plupart des gens vont suivre des règles dont ils auront ensuite à se plaindre. Je crois qu'il y aurait là un effort très considérable à faire et qui me semble plus important que beaucoup de choses dont on parle dans l'éducation.

Deuxième point : le problème du management. On redécouvre le management, le leadership, tout simplement parce qu'il faut de plus en plus d'innovations et qu'il ne peut pas y avoir d'innovations sans innovateurs. On retrouve donc le problème des personnes qui peuvent être jusqu'à un certain point les facilitateurs de l'innovation et qui vont rendre le système humain porteur de cette innovation. Nous découvrons un tumulte étonnant en matière de management, tumulte qu'a rendu perceptible le succès, inattendu, du livre de deux consultants américains : *Le prix de l'excellence*. Vous en avez probablement entendu parler et peut-être l'avez-vous lu. Si vous l'avez lu, vous avez découvert que ce n'est pas un livre extraordinaire mais surtout une série de recettes. Ce qui m'intéresse là-dedans, c'est le caractère inattendu du succès d'un livre que son éditeur destinait, au mieux, à une vente de quatre ou cinq mille exemplaires. Or, il en a fait trois millions aux États-Unis avant d'être un best-seller dans les pays européens. Pourquoi ? Parce qu'il disait (ce qui était paradoxal puisqu'il s'agissait de spécialistes consultants des business-school américaines), que l'enseignement des business-school ne valait pas un clou, que le problème était de renverser la vapeur et qu'avant tout il fallait être simple. Donc : simplicité des structures, autonomie des unités, leadership et culture. S'appuyer sur la culture.

Nous trouvons un peu partout une réaction profonde contre le bureaucratisme, réaction entraînée par la sophistication des procédures et des structures en fonction d'une vision a priori des choses, scientifique et normative. Tout ce qui est savant en matière de management s'invente maintenant à partir de la libération et de cette possibilité d'inventer en dehors des modèles. Il faut dire que le succès japonais a été essentiel pour ce retournement qui aboutit à dire que dans un monde d'innovation le problème fondamental est de tirer parti de la ressource humaine. Si on y parvient, ce sera plus important que d'avoir une bonne structure théorique. Structures et procédures ne sont donc que secondaires à cette relation nouvelle qui vise à valoriser ce que les hommes peuvent apporter.

Troisième point : le même problème se pose pour le gouvernement politique et pour l'administration publique. Mais beaucoup plus difficile encore. Je ne voudrais pas donner l'impression que les entreprises réussissent à tout coup. Elles réussissent très rarement et du moins dans cette voie que j'ai indiquée, on voit énormément de cas dans lesquels seuls émergent la rhétorique et de très beaux discours. Quand nous allons voir ce qui se passe dans l'entreprise, on s'aperçoit qu'ils n'ont pas du tout conscience de ce qu'est la réalité des rapports humains et que, de ce fait, leur discours n'a aucune portée, quand il n'est pas contre-productif. Ce qui arrive ! Néanmoins, dans le cas des entreprises, des institutions ou des organisations plus petites, dont les objectifs sont relativement clairs et dans lesquelles la sanction du résultat apparaît, on peut faire un certain lien entre les efforts accomplis et le résultat que l'on obtient. Quand on passe à l'administration ou au gouvernement, la relation disparaît tout à fait, et nous sommes confrontés à des problèmes qui deviennent absolument fondamentaux et que l'on retrouve partout, même s'ils sont un peu plus graves en France. Personnellement, j'ai beaucoup appris lorsque j'ai eu des étudiants américains qui ont fait des analyses en utilisant les mêmes méthodes que nous en France. Toutes ces analyses montraient qu'ils étaient capables de faire des choses aussi bureaucratiques que nous. Ils n'avaient de cesse de me montrer qu'ils étaient là-dessus au moins aussi bons que nous. Peut-être n'avaient-ils que partiellement raison. Mais j'en ai gardé l'idée que nous trouvons les mêmes problèmes partout.

La contradiction la plus forte que nous rencontrons maintenant, c'est celle qui existe entre la demande de maîtrise de la complexité croissante d'une part, et d'autre part, les moyens d'agir sur un ensemble humain qui, eux, ont énormément diminué. Les moyens anciens étaient essentiellement la hiérarchie, le secret et la distance. Dans le temps, j'étais frappé lorsque je faisais une étude sur l'administration préfectorale, j'étais frappé par le décorum et le type de rapports qui s'établissaient à partir de ce décorum. Ça existe encore, mais les gens n'ont plus du tout le même comportement vis-à-vis de ce décorum. La capacité à faire attendre quelqu'un et à en tirer parti, le nombre de pas que l'on doit accomplir pour arriver jusqu'au grand bureau de l'homme investi de l'autorité, tout cela n'a plus du tout la même importance. Les gens ne sont plus aussi effrayés.

Au cours de ma première enquête aux chèques postaux de Paris, quand il y avait un problème et que les employées devaient aller voir le chef de centre, elles étaient paralysées de crainte. Elles le détestaient, elles étaient révoltées, elles étaient *cégétistes*, cela ne les empêchaient pas d'être extrêmement émues face à l'autorité. Je ne dis pas que c'est terminé, mais ça a énormément diminué. Tout le monde sent bien que c'est d'un autre âge, que les choses sont beaucoup plus simples. On finit par s'appeler par son prénom, même en France. Ce sont de petites choses, mais elles signifient que les barrières s'estompent. La barrière de la distance crée des isolats, des difficultés de communication qui, autrefois, protégeaient l'autorité et renforçaient la hiérarchie. On pourrait parler longuement sur ce point car il est fondamental. Nous vivions sur le principe des audiences captives. L'université française vit encore un peu sur ce principe, c'est-à-dire que les étudiants sont obligés d'être présents. Peut-être n'apprennent-ils pas grand-chose, mais au moins le décorum est-il maintenu. Le prestige de la chaire tient au fait qu'il y a des gens qui sont là et qui écoutent. C'est une communication unilatérale forte, mais on sent que c'est vraiment quelque chose du passé qui s'éloigne.

Les audiences captives d'autrefois étaient plus gouvernables que les audiences actuelles. Un élément essentiel de la société traditionnelle était qu'on restait dans son village. Si vous restez dans un endroit au sein duquel toutes sortes de relations stables se maintiennent, vous êtes obligé de vous adapter. La relation devient stable justement à cause de cette nécessité d'adaptation. Dans l'exemple qui nous a été présenté, celui des Sénégalais qui viennent en France, les rapports entre les nobles et les captifs ne peuvent plus subsister à Paris, mais quand ils reviennent dans leur village, la réaction est extrêmement violente. On peut partir mais comme le coût émotionnel et culturel du départ est très élevé, la plupart des gens ne partent pas, et par conséquent, l'autorité continue à s'exercer.

Pour comprendre le tourbillon moderne dans lequel nous nous trouvons, il faut bien savoir que les possibilités de contraindre les gens en segmentant la société, en hiérarchisant et en utilisant le poids de l'autorité, sont aujourd'hui très faibles. Vous voyez le poids de la contradiction : il faut intervenir de plus en plus et les moyens anciens de faire respecter les mesures prises n'aboutissent plus à ce que l'on croyait pouvoir obtenir. Un exemple simple : l'évolution, à vingt ans de distance, du contrôle des changes institué par le ministre des Finances. Il y a vingt ans ça n'avait pas bien marché mais suffisamment tout de même pour avoir l'effet recherché.

En 1983 les socialistes placés devant le même problème, utilisent la même méthode. Echec total. Cela ne servait absolument plus à rien tout simplement parce que les gens n'obéissent plus. Et pourquoi n'obéissent-ils plus ? Parce qu'ils ont appris à se débrouiller et que le monde est devenu tellement ouvert que vous passez les frontières comme une passoire. Les ordres et règlement anciens ne sont plus opérants.

Vous voyez les problèmes que nous devons résoudre pour l'avenir. Il faut découvrir de nouveaux moyens pour réussir à avoir une collectivité viable dans laquelle il n'est pas indispensable d'avoir autant d'autorité. Or nous avons une vision tout à fait exagérée de ce qui est nécessaire : des choses très importantes pour chacun d'entre nous paraissent nécessaires. Comment y parvenir ? Tous les pays essaient de trouver des solutions en expérimentant.

Le problème que nous avons, en France, pour des raisons particulières d'ailleurs liées à l'histoire, mais aussi à notre vénération de l'histoire, c'est que nous sommes obnubilés par une vision a priori exagérée de l'État, du rôle de l'État et de l'importance qu'il doit avoir. Nous idéalisons encore ce qui nous apparaît d'autre part comme un monstre. Mais curieusement, plus nous le traitons de monstre, plus nous l'idéalisons. Nous semblons tout à fait perdus lorsqu'il nous arrive d'avoir l'impression que cet État s'amoindrirait ou deviendrait différent. J'avais été chargé de mission par l'OCDE, sur les problèmes d'éducation au Canada, au moment de la grande confrontation linguistique. Il était très difficile de pouvoir discuter de ces problèmes et la discussion de fin de rapport s'est déroulée à Paris. Cela posait un problème supplémentaire dans la mesure où la revendication de la francophonie était très mal acceptée par les anglophones. Le problème était de leur dire : " Vous allez peut-être découvrir que c'est un grand atout pour le Canada d'avoir une francophonie vivante." J'avais alors le rôle le plus difficile, étant la personne acceptée par les anglophones mais représentant d'une certaine façon les francophones à cause de mes attaches. Il fallait pouvoir trouver un moyen pour exprimer cette position. Alors j'ai fait un peu de démagogie dont je suis fier après coup, qui consistait à dire : " Un jour les Français découvriront que c'est un atout extraordinaire pour le développement de la France d'avoir une région comme la Bretagne qui parle aussi une autre langue."

En ce qui concerne la Catalogne et le Pays Basque, il est tout à fait étonnant de voir les maires des grandes villes françaises se précipiter à Barcelone pour aller admirer ce que Monsieur MARAGALL et Monsieur JORDI PUJOL font de la Catalogne, la Catalogne qui apparaît tout d'un coup comme le modèle, tout simplement parce qu'ils sont capables d'utiliser la ressource humaine que représente la passion de développement d'une région et d'une culture qui se retrouve. Ça ne gêne pas du tout l'Espagne. Bien au contraire. L'Espagne va bénéficier du succès de Barcelone pour les Jeux Olympiques.

Je voudrais parler aussi du problème intellectuel. Il faut que nous raisonnions autrement. Il est indispensable que nous raisonnions en système, mais il faut raisonner aussi en stratégie. C'est-à-dire retourner le système. Si on ne voit que le système, on aura finalement tendance à avoir une vision a priori des choses. C'est seulement dans la mesure où l'on peut examiner la stratégie des individus au sein du système et leur devenir comme l'effet d'une stratégie réussie que l'on peut avoir un raisonnement valide. On ne peut raisonner dans une seule dimension. Nous avons besoin de plusieurs logiques en même temps. Pas en confusion, mais en succession, alternance et convergence. Il faut élargir la notion de système.

Quelques mots pour terminer sur les possibilités qui s'ouvrent à nous. Les époques de mutation comme celles que nous connaissons sont des époques d'essor permettant le développement des possibilités humaines. De ce fait ce sont des périodes passionnantes pour ceux qui acceptent de s'engager dans le renouvellement. Qu'est-ce qui est en jeu ? La première chose essentielle, c'est la reconnaissance de la réalité. Les intellectuels, pour une part, ont un rôle important : retrouver le sens, retrouver la réalité. Mais ils ne peuvent pas le faire seuls. Il faut qu'ils le fassent en interaction forte avec les praticiens des innombrables activités humaines.

Il n'y a pas de philosophie de la tour d'ivoire valable pour le renouvellement dans lequel nous vivons. C'est dans la relation très forte entre l'apport de la réflexion et l'interaction avec le milieu, avec ceux qui vivent les problèmes aux différents niveaux qu'apparaît cette perspective. La société est, en fait, dans une période beaucoup plus inventive que ses dirigeants officiels ne le croient. Les paroles qui ne sont pas fondées sur cette relation versent dans la rhétorique ; les actes n'ont pas d'effet ou un effet contraire à celui recherché. C'est un ressourcement dans la réalité tout à fait indispensable qui constitue la première condition au renouvellement. J'en viens au paradoxe dans lequel nous nous débattons. Le Marxisme, comme vision volontariste des choses, a échoué au point que l'on peut dire qu'il est en train de disparaître. Bien sûr il y a des marxistes et il y en aura encore mais cela n'a plus de sens.

Si vous regardez un peu ce qui se passe en Union Soviétique, c'est tout à fait extraordinaire. Monsieur CHEVERNADZE est venu à l'UNESCO faire un discours sur les valeurs et l'humanisme, en citant à plusieurs reprises DOSTOIEVSKI. La Russie nouvelle ou l'Union Soviétique nouvelle, extrêmement embarrassée comme vous le savez, cherche désespérément à se raccrocher à ce qu'elle peut trouver de commun avec l'Occident, c'est-à-dire les valeurs de l'humanisme. Dirigisme et volontarisme, tout ce que nous avons connu si arrogant est désormais en crise profonde. Les discours d'il y a seulement sept ou huit ans semblent appartenir à un passé tout à fait révolu, archaïque en l'occurrence. Mais cette fois personne ne se traite d'archaïque car tout le monde dans la classe politique est plus ou moins coupable.

On n'oserait plus dire ce que l'on disait. Pourtant, et voilà le paradoxe, le néo-libéralisme a échoué lui aussi. Qu'est-ce qui est en jeu ? Ce n'est pas une doctrine ou l'autre mais la vision de la commande d'un système social qui est dépassée, et il est même étonnant qu'elle ait pu se développer à ce point dans les années 60-70. En même temps que la commande d'un système social apparaît absurde, la nécessité de l'intervention réapparaît. Nous ne pouvons pas tout faire sur nous-mêmes et de quel droit des personnes que nous investirions du pouvoir de décider le feraient-elles ? Mais il faut en même temps absolument intervenir parce qu'une société a besoin de régulation. Je dis régulation et non pas règle parce que je veux signifier que l'on n'impose pas un comportement mais que l'on va aider les systèmes humains à se maintenir ouverts et à assurer la liberté de chacun. Ce qui manque le plus pour y parvenir c'est-à-dire pour que des interventions mesurées qui ne mutilent pas la société soient possibles, c'est qu'il y ait connaissance des systèmes humains et connaissance de leur régulation. Et ce qui fait le retard de l'État français, de l'administration, de la classe dirigeante française, quand on la voit de l'étranger, c'est la très grande faiblesse de sa connaissance de cette réalité pourtant décisive : il est étonnant de constater à quel point les décisions sont prises à travers une préparation d'amateur, avec une légèreté qui est d'autant plus curieuse que les personnes qui ont cette légèreté sont plutôt dénuées d'humour. Les seules connaissances qui existent sont les connaissances d'un système financier ou d'un système administratif juridique qui certes sont importants mais qui ne recouvrent pas du tout l'ensemble de la réalité qu'ils touchent. La connaissance de ces systèmes ne permet pas de prévoir les conséquences que les mesures prises à l'intérieur de ceux-ci auront sur l'extérieur. La connaissance juridique de tous les paramètres d'un système administratif devenu tout à fait inextricable et dont l'ensemble de la société se plaint constamment, n'a absolument aucune pertinence pour décider ce que l'on fera en matière de santé, sécurité sociale, d'éducation et encore moins en matière industrielle. Des technocrates décident qui ont des compétences poussées mais étroites et qui finalement ont des incompétences en ce qui concerne les problèmes qu'ils ont à traiter. Et plus ils sont compétents dans leur domaine étroit, plus cette compétence les paralyse pour le travail qu'ils doivent faire. Je crois que nous devons travailler sur les moyens de développer la connaissance indispensable, qui n'est pas une connaissance théorique mais une connaissance pratique, qui nous permette de renouveler le raisonnement pour tout ce qui nous redevient essentiel, ce qui est collectif, non pas comme revendication, mais comment agir ensemble.

DISCUSSION

(Modérateur : Jean-Louis SEURIN)

Jean-Louis SEURIN. — Un mot sur le terme ***modérateur.*** C'est un mot étrange, parce qu'en réalité ce qu'on me demande de faire c'est beaucoup plus un travail d'***agit-prop,*** dirait-on en termes idéologiques, pour provoquer des questions sinon de l'agitation, et je prendrai ce jeu au sérieux ! Par conséquent, je ne vais pas résumer la thèse de CROZIER, je voudrais essayer de faire un certain nombre d'objections et de provoquer un certain nombre de questions.

1. La relativité de la notion de société post-moderne

Tout d'abord, quand on écoute CROZIER, la clé de son discours sur la société, quel que soit le nom qu'on lui donne, *post-industrielle* ou *post-moderne*, il nous parle d'un modèle latent qui est en train de se développer mais qui n'est pas pleinement accompli. (Certains d'entre nous, comme moi-même, nous venons plutôt de Saucats[1] que de

1. Saucats symbolise dans le Bordelais un endroit éloigné, donc plus traditionnel ou moins modernisé. Pour les Américains, l'équivalent est Oshkosh ou Poughkeepsie, près de Newark. Chaque ville à son Saucats…

Boulogne-Billancourt et nous n'avons pas toujours l'impression que ce modèle est si prégnant et si dangereux qu'on pourrait le croire, vu de Paris et du 6ème arrondissement).[2]

Je crois donc qu'il faut comprendre la thèse de Crozier en termes **analytiques** de *modèle*. À ce moment-là ce qu'il nous dit est vrai. Mais ce qu'il nous dit ne répond pas à toutes nos questions parce qu'il est certain qu'il y a **des niveaux de la société qui ne procèdent pas de ce modèle,** et je parlais tout à l'heure de Saucats.

D'autre part ce qu'il dit est surtout vrai pour les sociétés qui ont été le plus loin dans le développement de ce modèle. Mais toute une partie du monde ne relève pas encore du modèle de Crozier (et je me tourne vers Balandier, qui ne me contredira pas, je crois...)[3]. La difficulté aujourd'hui, quand on parle très sérieusement de ces questions, comme on l'a fait ici, c'est que la plupart des sociétés dans lesquelles vivent les hommes réels sont des sociétés **transitionnelles** qui relèvent à la fois des structures qu'on vient de nous décrire mais aussi d'un reliquat de structures plus anciennes qui procèdent davantage de ce qu'on a dû appeler **les sociétés traditionnelles.**

La difficulté c'est de ne pas tomber dans l'erreur qu'ont commise certains Parisiens très brillants à Sciences-Po, de faire une opposition facile entre des sociétés *sous-développées* et des sociétés *sur-développées*[4]. Je crois rcrqu'en réalité c'est le fait que toute société soit concrètement **transitionnelle** qui fait problème.

Dans le monde où nous vivons, il y a plutôt une coexistence géopolitique de pays qui n'ont pas les mêmes niveaux de développement et par conséquent qui ne connaissent pas avec la même intensité les contradictions qui nous ont été décrites. Du même coup ils ne vont pas répondre de la même façon.

2. Disparition ou persistance inavouée du modèle idéologique marxiste ?

Ce qui fait problème c'est que, quoi qu'ait dit Crozier sur " l'évaporation " actuelle du marxisme, il existe une continuité historique du modèle marxiste alternatif et tout ce qui relève de l'héritage marxiste-léniniste a, malgré tout me semble-t-il, des chances de durer,

---

2. Cf. Daniel Bell : *Vers la société post-industrielle*, Robert Laffont 1973, Jacques Ellul: *Le bluff technologique*, Hachette 1988.

3. Georges Balandier était dans la salle. Allusions est faite ici à ses travaux : cf. *Sens et puissance*, P.U.F. 1971.

4. Cf. Roger-Gérard Schwarzenberg : *Sociologie politique*, Domat 1971, Je ne connais pas de sociétés sur-développées...

dans la mesure où il y a quand même l'U.R.S.S., et où il y a des démocraties populaires qui ne vont pas se tirer d'affaire aussi facilement que la presse pourrait le croire...
Il y a enfin dans des pays en voie de développement (je songe naturellement à Cuba) des gens qui, avec beaucoup de sincérité, croient toujours en la possibilité du système alternatif que proposait le Marxisme[5]. Vous voyez donc qu'il y a là un élargissement de la question posée en dehors, si j'ose dire, du " modèle ", puisqu'avec le cas soviétique, avec le cas des pays sous-développés, les gens ne peuvent pas se poser les questions que pose CROZIER avec la même intensité, parce que très souvent ce n'est pas encore leur problème.

3. Le problème de la France *à deux vitesses*

À l'intérieur du modèle de la société post-industrielle, se pose, je crois, ce que l'on a appelé " le problème des deux vitesses ". (Nous, dans notre région, et j'en suis très fier parce que je suis Gascon, nous gardons un côté assez charmant, mais il faut bien dire un peu sous-développé...)[6]. C'est-à-dire que très souvent, et nous vivons ça à l'université, il y a ceux qui entrent dans le jeu et qui savent s'adapter, ce sont des jeunes qui correspondent assez aux élites intellectuelles que décrivait CROZIER, souvent les fils de professeurs — à la faculté, nous disons les fils d'archevêques —, à la fois éduqués, combatifs et ludiques, c'est-à-dire finalement pas tellement mal adaptés à la société dans laquelle nous sommes appelés à vivre ; et puis il y a aussi ceux qui refusent et qui ont peur de cette société (là je ferai allusion, gentiment, à des amis que j'aime bien, qui se réfugient plutôt dans l'écologie et le folklore). Mais il y a aussi ceux qui se replient en milieu rural et pour nous, avec les Landes, c'est d'une énorme facilité. Il suffit d'avoir une petite maison et de fuir absolument radicalement toutes les lourdes menaces de la société post-industrielle, tout en bénéficiant des avantages de la modernité... Un autre aspect que nous n'avons pas vu parce qu'il est plus subtil : c'est le repli dans la vie de famille[7]. Une espèce de procédé *autistique*, qui devient d'ailleurs une espèce de défense assez utile dans notre société. Sans parler du repli dans l'évasion sexuelle ou dans la drogue, je crois qu'il faut quand même faire une petite place

5. Le Nicaragua a hérité du prestige mythique du Cuba des années soixante, car ce qui intrigue ce n'est pas l'option idéologique de l'oligarchie dirigeante de ces pays ; c'est plutôt le souci des intellectuels français qui s'entêtent à y trouver un modèle — normatif — de rechange.
6. Ce *brindis* s'adressait naturellement à Escarpit...
7. Les Américains parlent du cocooning de façon expressive...

— critique à CROZIER — sur le repli militant, le repli idéologique. Je sais bien qu'à Paris ce n'est plus à la mode d'être *Poulantzien* ou *Althussérien*, mais je constate quand même dans les sections socialistes, une certaine peine à prendre le virage idéologique et à soudain découvrir que le bon vieux modèle alternatif — la révolution — a soudain été remplacé par *l'alternance*, ce qui est quand même difficile à digérer. Il y a là toute une série de questions à poser.

4. Le danger de dérapage critique : *les effets de surface.*

Puisque c'est CROZIER lui-même qui a lancé la perche, si l'on aborde maintenant le problème des **stratégies,** je crois qu'il y a ici deux niveaux que nous pourrions envisager.
Il faut d'abord atteindre le fond de la critique, et quand CROZIER nous dit — je crois qu'il a raison — qu'il nous faut une certaine connaissance, je crois que le drame c'est que précisément les médias nous donnent l'illusion de nous poser les bonnes questions alors qu'en fait ils n'étudient que les faits de surface[8]. C'est cette espèce de difficulté qu'il nous faudra souligner, parce qu'à l'université, c'est le travail que nous avons à faire et la difficulté à laquelle nous nous heurtons : tenter d'aller au-delà des *images*.

5. Le saut dans l'irrationnel

CROZIER, et c'est dans la logique de ses travaux, a toujours cherché des réponses rationnelles dans le modèle, même si ses stratégies se sont affinées de jour en jour depuis ses premières critiques sur WEBER.
Mais la difficulté que nous rencontrons c'est que nous découvrons, avec BALANDIER, que les peuples vont chercher des stratégies de remplacement qui ne sont pas rationnelles... Je ne crois pas (malgré mon respect pour Michel FOUCAULT), que les réactions de KHOMEINI[9], en matière de révolution, soient typiquement *rationnelles*...
Je crois au contraire que beaucoup de réponses qui sont apportées dans le tiers monde sont un refus pur et simple du modèle. Et ces **stratégies de fuite,** ou ces stratégies irrationnelles, (le terrorisme par exemple) **nous ne pouvons pas ne pas en tenir en compte.** Nous ne pouvons pas éluder l'idée qu'un jour le problème peut se poser comme ceci à

---

8. Cf. Robert MAGGIORI: *Quand le second degré devient primaire,* in Libération, 8 octobre 1987.

9. Michel FOUCAULT s'était enthousiasmé un peu vite pour la prétendue *révolution* iranienne qui a débouché sur la *réaction* que l'on sait.

l'intérieur même des populations qui sont concernées. Je crois qu'à ce moment-là il faudra ajouter que les individus et les peuples ne tiennent pas compte des possibilités concrètes du modèle technologique, parce que précisément ils vont se tourner bien davantage vers des réponses irréalistes ou des réponses romantiques, plutôt que vers des réponses réelles.

Michel Crozier. — Il faudrait beaucoup de temps pour répondre à vos questions. Pour être provocant et pour animer le débat, j'y répondrai très brièvement, c'est-à-dire très mal.

1. — Cela va de soi qu'il y a coexistence, et ce qui caractérise nos sociétés, c'est qu'il y a de plus en plus coexistence possible de mondes et de logiques différentes. Mais il y a des logiques qui sont porteuses et d'autres qui ne le sont pas. Ceux qui gagnent sont ceux qui comprennent suffisamment à temps ce qui est porteur. Le fait que la logique gagne ne signifie pas qu'elle est la meilleure en soi mais qu'elle est plus efficace. Et c'est ainsi que les sociétés et les rapports humains se développent. Ce réalisme qui est indispensable ne signifie pas qu'on porte un jugement de valeur.

2. — En ce qui concerne le marxisme, je maintiens que le marxisme est mort. Vous avez cité Cuba, je suis allé longuement en Chine où j'ai participé à une réunion avec des soviétiques. Ce n'est pas le 6ème arrondissement qui s'est, finalement et péniblement mis à l'heure, mais c'est tout le monde communiste. En Chine nous assistons à une véritable explosion qui pose beaucoup de problèmes : la propriété collective, le développement d'un système de marché qui n'est pas régulé parce qu'on ne sait pas le faire et qui est donc sans morale. Le problème est d'autant plus difficile que l'on a détruit l'ancienne morale pour pouvoir maintenir la doctrine. En ce qui concerne l'Algérie, on voit très bien qu'elle ne peut plus tenir. Le monde est devenu tellement plus complexe, que les sociétés qui se restreignent sont incapables de suivre le train du monde et qu'il n'est plus possible de maintenir une population à l'écart.

3. — L'intérieur d'une société, quand les mêmes problèmes se retrouvent, c'est extrêmement différent et nous pouvons très bien tolérer, honorer et même faciliter la vie des personnes qui choisissent de se retirer dans le système de la famille. C'est d'une certaine façon complémentaire et pourquoi pas utile. Il n'y a pas problème autant qu'on le dit à avoir une société à plusieurs vitesses. Seule une vision réglementaire, universaliste et bureaucratique des choses voudrait que tout le monde aille toujours du

même pas. Ce qu'on doit dire en revanche c'est que les gens qui choisissent la ruralité ou la famille ne soient pas poussés à devenir marginaux constitue un problème pour la société. Nous devons faire l'impossible pour empêcher que des personnes tombent dans ces situations extrêmement douloureuses et difficiles à accepter.

4. — En ce qui concerne les stratégies, maintenant c'est un problème fondamental que pose la vision de l'irrationnel. On échappe toujours par l'irrationnel. Vous avez tout à fait raison sur ce point mais en même temps quelle est la portée de la remarque que vous faites en disant que Khomeini n'est pas rationnel ? **Khomeini est rationnel d'une certaine façon.** Car il y a une rationalité dans le terrorisme. Il y a une rationalité dans une politique extrémiste. On y gagne beaucoup de choses. Les Palestiniens finiront par gagner, non pas ce qu'ils avaient prétendu vouloir si obstinément, mais ils gagneront une reconnaissance. Ils l'ont déjà presque gagnée. Tout dépend des ouvertures de temps, des limites que l'on se donne et du prix qu'on est prêt à payer. Je crois que nos amis psychanalystes sont bien placés pour pouvoir montrer la rationalité des comportements irrationnels. En revanche la volonté de connaissance est quelque chose de fondamental dans l'esprit humain, c'est ce qui nous a portés plus loin et qui continuera à nous porter plus loin. Je ne veux pas dire personnellement qu'il faut supprimer l'irrationalité, mais il faut vivre avec ce que nous considérons comme des irrationalités mais qui ont leur rationalité dans le contexte qui est le leur. Si nous comprenions par rapport à quoi elles sont rationnelles, nous finirions par mieux les comprendre. Nous pouvons au moins partiellement le faire, ce qui nous permet d'être peut-être plus tolérants.

Question. — Monsieur Crozier, vous avez parlé des rhétoriques qui masquaient la réalité à des chefs d'entreprise et vous avez mis en valeur par contre la connaissance. Sur quels critères pouvez-vous évaluer la qualité du discours du sociologue ? Dans quelle mesure le discours du sociologue est-il valable ? Est-il opératoire ? Et la seconde question va de pair avec celle-là : quelle est la stratégie personnelle du sociologue ?

Michel Crozier. — Je vais essayer de répondre brièvement. Chaque sociologue a sa stratégie personnelle, en fonction de son tempérament, de son expérience, de ce qu'il a vécu et du type de relation qu'il a avec autrui. Personnellement, je crois que ce que le sociologue peut apporter ce n'est pas un discours. Le sociologue renvoie une connaissance de la réalité des rapports humains à ceux qui sont dedans. Une théorie récente, qui s'appelle le **Common knowledge** défend l'idée que quand un ensemble de relations devient de la connaissance de tout le monde on assiste à un changement de nature du problème qu'elles posent. Le sociologue va utiliser des entretiens, en faire une analyse et la rapporter aux intéressés pour les aider à comprendre la réalité de leurs rapports. Pour y parvenir, il faudra qu'il soit le plus anti-discours possible. Les conseils que je donne quand je forme les étudiants sont qu'ils rapportent les faits et pas leur interprétation. Vous voyez qu'il y a quelques rapports avec d'autres techniques psychologiques. Les personnes elles-mêmes vont présenter leurs interprétations ; ensuite seulement on va s'attaquer aux problèmes plus complexes qui sont à la source des faits constatés. Ce qui est étonnant et qui explique ma stratégie personnelle et celles d'un certain nombre d'autres sociologues, c'est qu'on arrive à avancer très vite du fait de la passion de connaissance qui se révèle alors chez les intéressés. Les gens adorent parler de leurs rapports les uns avec les autres et ils n'ont pas du tout de barrières à ce sujet. Dans les premiers travaux que j'ai faits, j'avais découvert que les relations de pouvoir à l'intérieur d'un système humain étaient essentielles. Mais tout le monde avait peur de le faire. Cela pose effectivement parfois un peu problème, mais si vous les abordez de façon simple et directe, sans cacher les choses, tout simplement : quel type de rapports avez-vous avec telle personne ? Les rapports de pouvoir, d'influence mutuelle vont apparaître, et cela ne posera pas de problème. Paradoxalement les gens sont beaucoup plus réticents à parler des faits matériels que des rapports humains. La soif de connaissance que l'on rencontre quand il s'agit de la réalité des rapports humains est tout à fait étonnante.

Je travaille depuis dix-huit mois sur la SNCF J'ai été chargé avec deux autres personnes de diriger l'audit social après les grèves de 1986 et 1987. Les cheminots qui étaient en pointe dans le conflit étaient les conducteurs de trains. Nous avons donc fait faire une enquête qualitative approfondie sur les conducteurs et nous avons immédiatement rapporté les résultats de cette enquête à tous les intéressés dans tous les dépôts les plus durs de la grève. Ces résultats avaient peu de rapport avec ce qui avait été rapporté par les journaux et présenté par les organisations syndicales, mais c'était la vérité et ça a été parfaitement accepté. Les conducteurs ont manifesté une très grande satisfaction à avoir ainsi été écoutés. Le document s'est appelé : *Lorsque les conducteurs parlent.* Nous avons réussi à obtenir l'accord de l'encadrement de la traction (c'était le point sensible), c'est-à-dire tous les cadres réunis à Paris. Plus de 250 cadres sont venus et ont passé toute la journée à discuter des résultats. On leur a présenté très directement la même chose qu'aux ouvriers. Ils en ont discuté et à partir de ce moment-là les dirigeants sont enfin convaincus qu'ils pouvaient enfin agir. Des idées simples, pas d'idées compliquées (les idées compliquées ils en avaient des tas, ils sont très remarquables pour cela) mais des idées simples comme : qu'est-ce qu'on peut faire pour changer les conditions qui créent ce problème ? Depuis ce temps-là, la direction de la traction travaille sur les moyens d'améliorer une situation dont les dirigeants ont reconnu qu'elle était devenue insupportable. Voilà une stratégie pratique mise en œuvre.

Jean-Louis Seurin. — Je voudrais ajouter un complément de réponse à la question qui a été posée. Il m'est apparu que lorsque vous disiez : “ quelle est la stratégie du sociologue ? ”, vous ne pensiez pas seulement à la stratégie du sociologue sur le terrain, mais au rôle du sociologue dans sa propre société. Et il n'est pas impossible que vous ayez pensé à l'opposition, chère à Bourdieu, entre des sociologues qui seraient des sociologues *critiques* dans la tradition *démystifiante* du marxisme et qui révèleraient des choses que la société tient secrètes et, d'autre part, des sociologues, je n'ose pas dire *bourgeois*, mais des sociologues *technocrates* qui travailleraient dans le sens de l'adaptation des étudiants à la société, donc dans le sens de l'intégration.

Michel Crozier. — Sur ce point, je peux dire que la distinction que vous faites et qui a été forte il y a dix ans ne semble plus beaucoup exister. Pierre Bourdieu est venu dans mon programme de doctorat et, pour lui, cette distinction n'existe plus du tout. Je peux vous rassurer.

Jean-Louis Seurin. — Je m'en réjouis. Mais il reste que beaucoup de ses disciples — en science politique — maintiennent la position initiale.

Question. — Je ne suis pas du tout sociologue, mais il me semble à vous entendre, Monsieur Crozier, qu'on ne respecte plus comme autrefois. Vous l'avez dit vous-même, donc je vais jouer un peu sur cela. Le discours des sociologues me paraît empreint d'idéologie. Dans votre discours je n'arrivais pas à dégager ce qui était vraiment scientifique et ce qui était de l'ordre de votre idéologie à vous. C'est dommage, parce qu'avec Rémy Chauvin et Yves Coppens je n'ai pas du tout ressenti la même chose. C'est-à-dire qu'on nous a apporté des connaissances qui étaient scientifiques, ça ne faisait pas de doute. Il n'y avait pas de mélange d'idéologie. Alors que j'ai vraiment l'impression maintenant qu'il y a un mélange de philosophie et de science. Et je trouve ça dommage pour la sociologie.

Michel Crozier. — C'est une bonne critique, mais il faut que vous alliez à la source du problème. Nous faisons tous de la Sociologie, comme Monsieur Jourdain faisait de la prose, puisque nous avons tous à réfléchir sur les rapports que nous avons les uns envers les autres au sein d'ensembles qui sont structurés avec du pouvoir, avec des règles. Nous avons donc une idée sur cela. Et, du fait que nous avons une idée, ce que l'homme de sciences apporte c'est quelque chose qui met en question cette idée, qui la complète ou la bouleverse. Par conséquent, il ne peut pas du tout être perçu comme son collègue qui travaille sur des problèmes *froids*. Levi-Strauss disait : " Il y a des sociétés froides et des sociétés chaudes ". Ce qu'il voulait dire par là c'est que lorsqu'on est dans une société dont on fait partie, en discuter fait problème. Je suis tout à fait conscient de la difficulté que j'ai à présenter des choses comme je le fais. Si je travaille au sein d'une institution humaine, d'une entreprise, je n'ai pas du tout le discours que vous entendez. Je vais aider les gens à prendre conscience de réalités, leur faire sortir cette réalité et, petit à petit, un certain nombre d'autres points de vues sortiront. Mais si vous me demandez de parler en général de la société moderne, post-moderne, post-industrielle, il est bien évident que je suis obligé de vous parler en général. À ce moment-là, ou bien je ne dis que des choses que vous connaissez et je ne vous apporte rien, ou bien je vous choque. Je choisis bien sûr, vous l'avez compris, de choquer. C'est le seul moyen. Ce n'est pas parce que je ne respecte pas vos opinions, mais parce que c'est le seul moyen de vous apporter quelque chose. Le choc permet de prendre un peu de distance et de réfléchir. Je ne vous demande pas de m'approuver, mais de réfléchir à la signification. À partir de cela, on peut faire son propre chemin. Effectivement, les sciences sociales n'ont pas la même liberté par rapport au sujet que les sciences naturelles.

Jean-Michel Valençon. — Je trouve que cet échange que vous venez d'avoir est assez intéressant à un autre niveau. Tout à l'heure vous mettiez l'accent sur l'importance de l'individu dans la société, et je crois que ce qui vient de se passer montre à la fois les risques et les chances de la méthode dans la mesure où aucune pensée n'est vraiment neutre. Elle l'est plus ou moins selon la distance que l'on peut mettre, mais à chaque fois qu'un individu s'engage, il s'engage à la fois avec l'aspect intellectuel, avec sa rationalité, mais aussi avec tout ce qu'il est sur le plan affectif, relationnel, historique... Donc le fait d'être obligé de remettre l'accent sur le fonctionnement individuel, ce qui du moins me paraît être une bonne chose, ajoute aussi une complexité supplémentaire qui vient brouiller les cartes et qui est à la fois une chance d'ouverture, mais également un risque supplémentaire.

Michel Crozier. — Permettez-moi d'inter-agir immédiatement. Il faut absolument que nous tirions parti de cette possibilité. La vision que nous avons assez souvent eue, et que nous avons eu du mal à expliciter, *il faut restreindre les choses pour que ça marche*, est une vision du passé. Pour prendre un exemple caricatural, nous avions fait il y a une douzaine d'années une enquête sur les problèmes de régionalisation, sur le rôle des élites et des notables locaux. On avait posé des questions : " faut-il plus de participation ou non ? ". Eh bien, tout dépendait de la façon dont les questions étaient posées. Nous avions aussi des questions qui permettaient de répondre sans gêne, du fait du caractère non démocratique de la réponse précisant qu'il y a trop de participation. Et 80 % des notables ont dit qu'il y avait trop de participation. Vous voyez donc que c'est profond. Les mêmes personnes sont démocrates. Finalement, les choses ne s'arrangent pas aussi facilement quand il faut consulter tout le monde. Ils le sentent bien.

Georges Balandier. — Il faut aussi écouter le discours des scientifiques à expérimentation et à moyen de vérification beaucoup moins contestable que ce n'est le cas pour nous, gens des sciences humaines.
Alors que vont nous dire les philosophes des sciences comme Manuel De Dieguez ? Que la science peut être dans ce qu'elle nous propose, dans sa construction du monde, car il faut voir les choses comme cela. Nous ne parlons pas objectivement d'un monde dont nous restituons la vérité, nous produisons un savoir qui en se faisant construit le monde. Et Manuel De Dieguez qui est tout de même un homme qui a quelques compétences dans ces affaires, nous dit, ou plutôt nous pose une question : *et si le mythe qui est à l'intérieur de la science d'aujourd'hui était un mythe de même sorte que le mythe amérindien qui fonde le savoir dont on s'est préoccupé en anthropologue et en consommateur des écrits de Castaneda ?*
Et lorsque Henri Atlan, qui n'est pas non plus un scientifique mineur, nous dit : " il y a une logique du mythe, il y a une logique du savoir scientifique, il faut les séparer, mais aucune n'a tort, aucune n'a raison ". C'est le titre même de l'un de ses ouvrages. Un peu dans la position de Dieu à l'égard des hommes, il ne sait pas tout à fait

reconnaître les siens. Je veux dire ce qui est pure vérité et ce qui est pseudo-vérité.

Et de même, quand PRIGOGINE, prix Nobel, intervient pour nous présenter ce qu'est son savoir, il nous montre un savoir qui est en quelque sorte poussé par des progrès et puis des annulations, des théories qui se forment et puis qui sont effacées parce qu'il y a eu une possibilité de faire autre chose de plus efficace pour la compréhension du réel et pour les applications de ce savoir. Alors s'il y a cela de ce côté, est-il tellement inconcevable que du côté des sciences humaines il y ait les difficultés qu'on laisse entendre ? Certainement pas. Car avec les sciences humaines, il s'agit de quelque chose d'infiniment plus difficile qui met en cause tellement de facteurs, qui met en cause les effets du temps avec une grande rapidité et qui met en cause les effets d'interprétation.

Car le propre de l'homme c'est, non-seulement de faire une société qui serait là comme une chose, mais de faire des sociétés auxquelles il impute de la signification, de la valeur, du sens et de la valeur. Et il est bien certain que dès l'instant où l'on traite de cela, où l'on juge de cela, on ne peut pas apparaître comme produisant un discours d'une parfaite objectivité pure et dure ou dépouillé de tout ce qui n'est pas objectivité. Je crois que cela n'est pas possible. La véritable honnêteté en la circonstance c'est de dire justement ce qui interfère dans le cas des sciences sociales, des sciences humaines, dans la manière dont nous produisons le réel, dont nous construisons l'objet, dont nous rendons compte de cet objet, la manière dont nous tentons d'expliquer. C'est le genre de preuve qu'on peut nous demander, car personnellement je suis très réticent à l'égard de la pseudo-objectivité dans les sciences de l'homme. Rien n'est pire que de faire croire que l'on est entièrement dans l'objectivité quand on est dans la subjectivité jusqu'au cou, ou à 80 %, ou même à 60 % ou même à 40 %. Le mieux c'est de dire les choses telles qu'elles sont.

Enfin un dernier point à propos de la philosophie. Je n'en suis apparemment pas entièrement sorti. L'intervenant de tout à l'heure l'a parfaitement compris, mais je n'en suis pas tellement malheureux, je ne porte pas la philosophie comme une épine, comme une écharde.

René Di Roberto. — Je pense qu'il n'y a pas de savoir qui ne puisse se faire sans qu'il y ait une certaine réflexion philosophique sur ce savoir.

C'est ce qui explique que maintenant revient avec force une philosophie des sciences, une philosophie critique du savoir scientifique, quel que soit d'ailleurs le savoir scientifique en cause, qu'il soit relatif à la

nature, aux êtres vivants, ou à cet être complexe qu'on appelle une société, alors que la société, comme les fourmis de 90 mètres, ça n'existe vraisemblablement pas. Il y a quelque chose qu'on nomme société mais il n'y a pas quelque chose que l'on puisse définir commodément comme société.
Interrogez un biologiste ou un généticien et posez-lui cette question qui vous fascinerait sans doute " *qu'est-ce que la vie, monsieur ?* ". C'est un peu comme la question posée par le *Petit Prince* dans le texte de Saint-Exupéry. Dire ce qu'est la vie c'est avoir écrit tout le savoir des biologistes. C'est la dernière phrase. Eh bien je dirais : dire ce qu'est la société c'est avoir écrit tout le savoir des sociologues (et ils n'en sont pas encore là), tout le savoir des sociologues et des anthropologues. Ça sera la dernière phrase, si c'est vous donner un peu de réconfort, Madame ou Mademoiselle.

Question. — J'interviens de mon côté en tant que non-spécialiste. Je suis un peu intimidé d'intervenir après Monsieur Balandier. J'avoue que je ne suis absolument pas choqué de la subjectivité obligée de la sociologie. Et en ce qui me concerne, c'est aux sociologues que je fais appel pour réfléchir un peu sur le concept, si c'en est un, sur le projet de société. Il semble notamment dans les médias qu'il y ait une inquiétude à ce sujet. Certains ont parlé d'absence de grand projet concernant les gouvernants. Alors peut-on définir par le biais de la sociologie un projet de société ? Et y a-t-il une nécessité pour les sociétés d'avoir un projet clair et défini ?

Michel Crozier. — Je ne crois pas du tout qu'il soit nécessaire à une société d'avoir un projet, je crois que les sociologues qui se croiraient investis du droit de proposer un projet de société se méprennent sur la capacité humaine à se gouverner. Une société c'est un ensemble extrêmement complexe de relations de tous ordres qui ont leur indépendance. L'idée de projet de société ramène à l'idée d'un organe central, c'est-à-dire d'un État qui donnerait à l'ensemble des citoyens des directives pour accomplir ce projet. Ce n'est pas possible, c'est inhumain, et chaque fois que cela a été tenté, cela a abouti à de l'oppression et à des catastrophes. La vision démocratique (*nous votons* et *nous investissons* quelqu'un ou un groupe de la charge d'élaborer un projet de société, de nous le faire voter et de l'appliquer) est une vision irréaliste. La démocratie est indispensable, c'est la moins mauvaise forme de gouvernement, mais elle n'est bonne que si on la place là ou elle doit être, c'est-à-dire pour assurer les régulations indispensables à la société, investir dans l'avenir, rendre possible aux gens d'avoir leur propre projet et éventuellement de développer des convergences. Il y a des époques où il semble qu'il y ait des convergences telles que cela paraît comme un projet. Mais ce n'est jamais un projet décidé à l'avance. Il faut absolument respecter la société telle qu'elle est pour pouvoir l'aider. Le rôle des gouvernants c'est d'aider les citoyens, ce n'est pas de commander les citoyens. La vision de la commande est une vision qui a correspondu à un moment de l'histoire, qui n'a d'ailleurs pas été efficace de ce point de vue, et je crois qu'elle doit être totalement abandonnée. Cela ne veut pas dire qu'il ne faille pas intervenir, mais pas avec un projet grandiose.

Question. — Je voudrais vous poser une question en tant que praticien, enseignant de base, dans l'enseignement de masse. En quelques mots vous avez évoqué la formation. Il y a d'ailleurs en France, depuis deux ou trois ans, un consensus étrange là-dessus, parce que je ne suis pas sûr qu'un audit que vous seriez amené à faire à l'intérieur du système clos qu'est l'Éducation Nationale donnerait des résultats probants, tellement nous sommes enfermés et tellement l'interaction entre l'enseignement et la société est fort. On est pris dans des contraintes extérieures et intérieures, et je ne vois pas l'évolution actuelle se dessiner dans un sens très favorable parce que je vois depuis un certain ministre de 1984, très populaire à l'époque, un grand retour du savoir, un grand retour de la masse de quantitatif. C'est très sécurisant ces savoirs, mais est-ce que cela va nous donner la clé pour une meilleure formation ? Pour apprendre aux jeunes à s'orienter, à faire leurs choix, étant donné que tous ces savoirs sont définis en vase clos, par d'anciens enseignants, à l'inspection générale. Apparemment Monsieur Jospin a des problèmes avec son propre ministère. Alors, en a-t-on une vision claire, et que proposez-vous en ce qui concerne ce problème de l'interaction entre l'enseignement qui ne bouge pas beaucoup et la société qui bouge ?

Michel Crozier. — Je me permettrai de manifester un certain désaccord avec ce que vous disiez au départ : qu'on ne pourrait pas faire un audit social. C'est un système immense et analyser tout le système dans son ensemble est naturellement extrêmement difficile, mais pour des parties du système, il est tout à fait possible d'écouter la réalité. J'ai participé à un travail qui avait été accompli en 1972-73, c'était la commission Joxe sur l'enseignement secondaire. Les seize membres de la commission sont allés par groupe de deux faire des entretiens dans les écoles. Ils en sont revenus totalement transformés. Je veux dire qu'il y avait eu une discussion avant enquête et une discussion après résultat de l'enquête donné à des spécialistes et les résultats des travaux accomplis par les membres de la commission. Les gens avaient vraiment changé de point de vue. On n'a pas pu travailler assez longtemps et cela n'a pas pu aller très loin, mais on a pu faire apparaître beaucoup de choses. Plus tard, j'ai dirigé une enquête sur douze collèges et nous avons pu faire un diagnostic qui allait beaucoup plus avant sur le fonctionnement réel de ces écoles. Tout le monde le sait, il y a des différences extrêmes entre les écoles. Mais le système les masque derrière ses propres normes et des forêts de statistiques. Il est possible de faire apparaître une autre réalité, ce qui est le premier pas indispensable pour agir avec des chances de succès. Investir massivement dans la connaissance de la réalité des écoles constitue le premier acte de rénovation à entreprendre. Une école ça existe et ce n'est pas uniquement une collection de gens qui vont tous les jours dans une classe où ils rencontrent un certain nombre d'élèves. C'est un ensemble dont les membres ont des rapports les uns avec les autres. Il y a une culture et puis un système de gouvernement qui est inefficace. Mais il y en a un tout de même, et pour voir comment il pourrait évoluer il faut d'abord l'analyser. La vision de l'extérieur qu'en a l'inspecteur qui regarde est tout à fait irréelle, il ne faut pas dire : " Ce n'est pas ainsi que cela devrait se produire." Quand les intéressés eux-mêmes ont pris conscience du système et ont pu intérioriser les problèmes que pose son fonctionnement, ils sont capables de trouver eux-mêmes des solutions.

Ils sont quand même généralement très malins, comme tout le monde d'ailleurs, et pourquoi ne trouveraient-ils pas de solution, mieux que les gens du sommet ? Je crois qu'il faut connaître cette réalité et s'appuyer sur elle. Dans les écoles, nous n'avons pas pu aller plus loin que l'analyse. Mais très récemment nous avons pu intervenir plus activement dans des services hospitaliers. Les difficultés y sont énormes. Vous en avez vu des conséquences avec les réactions des infirmières. On a formé des cadres-infirmiers à faire des entretiens, à faire l'analyse de ces entretiens et à rapporter le résultat à leurs collègues. Bien sûr on était derrière elles et on les a aidées. Mais ils ont généré une réponse assez passionnée de la part du personnel. Ils ont discuté des résultats et nous avons été absolument ahuris de découvrir qu'ils résolvaient des problèmes triviaux, mais tout à fait essentiels pour eux, comme la circulation des examens médicaux, le brancardage, le circuit des visites et le rôle respectif des médecins et des infirmières... Ils ont résolu ces problèmes en s'attaquant à leurs relations elles-mêmes et il n'y a pas eu de panique. Au contraire, ils ont fait cela très bien. Les gens sont plus adultes qu'on ne le croit, si l'on est capable de faire appel à eux. Or, dans l'Éducation nationale les enseignants sont infantilisés par rapport au grand système. Ils croient que l'on ne peut faire ci, que l'on ne peut pas faire ça. Ils ont tort et raison à la fois. Ils ont raison parce qu'il est vrai que ça poserait des tas de problèmes, mais s'ils découvrent qu'ils peuvent marcher, eh bien ils marchent et ils trouvent des résultats.

Robert Marty. — La question s'adresse à Michel Crozier et à Georges Balandier... Je voudrais, Messieurs, que vous me disiez ce que vous pensez de l'importance des religions, et particulièrement de la chrétienté, de son évolution actuelle, dans les sociétés modernes et post-modernes. Je crois qu'il y a là un lien extrêmement important au niveau des sociétés. Je voudrais, mes chers amis, que vous me donniez vos positions.

Georges Balandier. — Pourquoi aurions-nous en tant que gens des sciences sociales une sorte de privilège dans l'appréciation de ce qu'est la chrétienté aujourd'hui et, sous une autre forme, de ce qu'est la fonction de la religion chrétienne dans des situations de modernité et post-modernité ? Je crois qu'il est très difficile de juger d'une religion en particulier, et peut-être encore plus lorsqu'il s'agit de la religion à laquelle on appartient par la force des choses, même si on y est un agent modérément actif. Ce qui me frappe dans les conditions présentes, c'est davantage la dissociation, dans des situations modernes, du sacré et de la religion proprement dite. Le sacré n'est pas l'équivalent de la religion. Le sacré peut faire l'économie des puissances des Dieux ou de Dieu. Le sacré c'est un certain type de partage du monde avec des frontières tracées, des interdictions formulées, des contaminations interdites, etc. Cela n'est pas le propre de la religion ni, si c'en est une part, l'équivalent de la religion. Or, ce qui me paraît important, je l'ai signalé dans un texte de ma revue ***Les cahiers internationaux de sociologie*** il y a peut-être vingt ans, en rentrant des États-Unis, après un séjour d'une année. Ce qui me paraît le plus important dans la modernité, c'est le fait que nous sommes en présence d'une sorte de sacré diffus dont les territoires et les limites ne sont pas bien tracés, d'un sacré qui circule comme circule la marchandise ou l'argent et d'un sacré qui peut s'investir dans toute une série de domaines. Il peut y avoir du sacré pour justifier une action de violence collective que l'on qualifie de terrorisme. Je crois que c'est Moravia, le romancier italien, qui dans un ouvrage à caractère autobiographique, voici une dizaine d'années ou à peine, parlant du terrorisme italien (les Brigades rouges) qui à l'époque pesait très lourd dans la vie de ce pays, écrivait :

> “ les terroristes commencent là où les politiques finissent ; les terroristes sacralisent leur entreprise de définition d’une politique autre et d’une société totalement différente ”.

Cela peut montrer à quel point il peut s’investir jusque-là. Il y a d’ailleurs un rapport entre le sacré et la domestication de la violence. Et puis le sacré on va le trouver investi dans des choses moins redoutables que celles que je viens de mentionner. Dans les routinisations quotidiennes. Nous avons chacun et chacune nos manières de tracer nos espaces sacrés, d’interroger le début de nos jours ou le cours de nos journées avec des recettes qui nous renvoient à quelque chose qui serait de l’ordre du sacré banal, du sacré quotidien. Il y a cette chose incontestablement et puis il y a ce que vous avez mis dans le débat, la religion chrétienne.
La religion chrétienne se voit à la fois comme la révélation, comme foi portée, comme institution et comme histoire. Alors, si on veut juger de la religion chrétienne aujourd’hui par rapport aux situations présentes, il faut envisager les choses à ces différents niveaux. L’institution peut être dénoncée à la fois par certains de ses aspects mais pas pour ce qui en est fondamental, son noyau central. Et puis, il y a encore ce fait qu’une religion de longue durée (et la religion chrétienne est de cette sorte pour nous tous et nous toutes) indépendamment de la vérité qu’elle porte ou qu’elle ne porte pas, une religion de longue durée, deux fois millénaires est forcément une religion qui est un véhicule de civilisation et qui joue un rôle considérable quoi qu’on fasse, de quelque façon qu’on le nie. On a tenté, dans certaines parties de l’Europe, de gommer cet apport-là. Cet apport revient maintenant en force. Pour les uns c’est une forme d’adhésion à une forme de civilisation qu’une construction volontariste avait gommée. Pour d’autres c’est davantage la reprise libre d’une foi, de son expression, d’une obéissance aux commandements qui la régissent. Mais il y a toutes ces variétés possibles. Je me résume : il ne s’agit pas seulement de juger une diversification des relations à la religion chrétienne, car quoi qu’on fasse, une relation porte au minimum en elle la relation à un univers de civilisation à un codage culturel.

Michel Crozier. — Puisque je suis provoqué, je vais tout de même essayer d’ajouter quelque chose. Je suis d’accord, mais qu’est-ce qu’on peut dire par rapport à ce développement de société post-industrielle ? La chrétienté a eu beaucoup de mal à accepter la société industrielle. Elle s’était enracinée dans les valeurs correspondant à la société du XVIIe et du XVIIIe siècle, elle a eu beaucoup de mal à s’ajuster. Elle y est parvenue à sa façon, mais maintenant, ce qui apparaissait comme le cœur de la logique catholique plus particulièrement que protestante, c’est-à-dire une cohérence extrêmement forte, cette cohérence est en train de se désagréger.

Il n'est plus possible d'avoir un dogme qui couvre tout et dont on peut déduire toutes les règles. Nous sommes dans une situation dans laquelle le monde s'est ouvert et, pour être actif, pour apporter ce que demande ce monde, on ne peut plus se contenter de la cohérence. C'est vrai à plusieurs niveaux. Pour l'organisation il faut bien avoir des prêtres, pour recruter des prêtres il faut accepter qu'ils soient libres. On ne peut plus vivre sur l'obéissance, le mandement n'a plus le même impact, etc. Cela se passe dans la logique et dans le rapport avec les fidèles. On sait très bien que les fidèles écoutent respectueusement mais n'obéissent pas sur les points sensibles de leur vie quotidienne. Alors, on continue à faire des mandements, on continue à intervenir, parce que l'on pense que de toutes façons il est important de rappeler. On n'ordonne plus, on rappelle. Nous vivons une transformation et en même temps un ressourcement.

Le grand paradoxe c'est que le ressourcement vient dans le sens de deux façons, comme le dit Balandier, d'une part le besoin de sacré qui est une demande forte (il est tout à fait extraordinaire de voir des gens qui ne vont jamais à l'église demander que l'église se comporte de telle sorte qu'il y ait du sacré quelque part et d'autre part le refuge ; le refuge a pris de plus en plus d'importance en Pologne, en Union Soviétique même). Je veux dire le ressourcement dans des valeurs de longue durée. Il est vrai que la chrétienté constitue un des éléments tout à fait essentiels de notre culture morale et qu'à ce titre elle est indispensable.

Question. — Vous avez employé une expression tout à l'heure qui m'a frappé : *écouter la réalité*. Or, quand on écoute, on est chaque fois remis en cause et donc obligé à une démarche de réflexion et d'engagement. Ce qui semble effrayer la société dans laquelle nous vivons, c'est peut-être l'obligation pour chacun d'avoir à choisir des possibilités. Mais curieusement, c'est un phénomène très ancien. Je vous raconte une anecdote : lorsque Thales de Milet a su prévoir pour la première fois une éclipse par le calcul, effrayé par la possibilité, ou craignant des complications, il a préféré dire qu'il avait eu la vision de ce qui allait se passer, plutôt que d'avouer qu'il avait pu le calculer. Tout se passe comme si justement c'était la peur de soi et la peur des possibilités que l'on pourrait avoir qui nous paralysaient et non pas plutôt une autre inconnue.

Michel Crozier. — Oui, c'est vrai que nous avons peur d'écouter. Nous avons tout de même aussi des traditions d'écoute et je crois que l'on peut s'y ressourcer. J'ai découvert en Corée une image très forte que j'ai renvoyée et qui nous a permis d'avancer dans la compréhension : ce sont les figures du Bouddha, la grande oreille et la petite bouche. La grande règle d'un gouvernant c'est : grande oreille et petite bouche.

José Feder. — Je voulais faire d'abord une remarque préalable : je suis étonné d'entendre que tous les sociologues disent indifféremment christianisme ou chrétienté. Ce sont des réalités profondément distinctes comme vous le savez bien. Peut-être d'ailleurs que c'est la chrétienté qui est accessible à l'analyse du sociologue et dans ce cas-là cela crée une distance.
Deuxièmement, j'ai entendu ce que vous veniez de dire, Monsieur Crozier, qu'à l'époque actuelle les dogmes sont devenus impossibles. Je ne renie pas tout à fait cette position-là, je dis les dogmes dans leur expression immuable et encore plus dans leur expression d'hier sont peut-être impossibles à tenir tels quels. Mais c'est surtout une question de formulation. Je pense que nous sommes effectivement dans une période où ces difficultés de relations entre la parole de l'autorité et la parole de ce que nous appelons dans la religion le peuple de Dieu, n'est pas du tout choquante. Il est tout à fait normal que, dans une société qui est dans une pareille bousculade, l'église qui se veut fondamentalement dialogue, soit aussi dans cette bousculade et dans cette longue nécessité d'écoute dont on vient de parler à l'instant.

Père Roger. — En complément à ce que vient de dire le père Feder, je modérerai aussi votre terme d'incohérence. Je préférerais le terme de pluriel, parce que justement on ne peut pas réduire, et c'est une tentation, lorsqu'on voit l'église de l'extérieur. Nous sommes très heureux, nous, théologiens, de nous entendre juger. Je fréquente beaucoup de congrès nationaux et internationaux de sociologie et j'éprouve toujours beaucoup de bénéfices à sortir de la maison et à analyser la maison de l'extérieur. C'est très intéressant. Cependant, vue de l'extérieur, j'ai l'impression que cette incohérence est simplement perçue sur des plans apparents de morale. Il y a toujours une cohérence qui existe d'abord sur le plan social. Les catholiques, quoi qu'ils disent, quoi qu'ils pensent, même s'ils le discutent, sont toujours unis autour du Pape. Ensuite vous avez des cohérences qui se sont formées et qui n'existaient pas autrefois, comme les œcuménismes et comme les dialogues. Je me permettrai d'insister et dirai que ce n'est pas seulement le théologien qui parle mais aussi le sociologue. Je voudrais attirer l'attention sur l'importance culturelle, et donc internationale, d'événements qui ont été provoqués par l'église catholique, comme les rencontres de religions, prélude de la rencontre des cultures et d'une force redonnée aux organisations internationales qui n'auront pas leur cohésion de force politique parce que, qui dit rassemblement de forces politiques d'états indépendants dit par le fait-même dissociations, défenses d'intérêts particuliers. L'harmonisation internationale des peuples, la planétarisation ne sera pas qu'une harmonisation des cultures. Mais à la racine des cultures il y a le dialogue des religions. Alors que l'église catholique a la première suscité une rencontre, un dialogue, même si ce fait n'est pas religieux, je pense que sur le plan sociologique il a une grande importance. Il n'y a donc peut-être pas cohérence car il y a plusieurs disciplines, plusieurs sensibilités religieuses, dans l'église catholique, mais c'est une conception pluraliste, plurielle. Je ne prononcerai pas le mot d'incohérence.

Michel Crozier. — Je n'ai pas cru prononcer le mot incohérence. Cela a dû m'échapper quelque part, ce qui veut dire que c'est beaucoup plus grave. Je voulais parler de rupture de cohérence.

Patrice Duran. — Je voudrais taquiner mon ami Crozier sur un certain nombre de points. Sans habiter Saucats ni le 6ème arrondissement, je voudrais revenir sur le thème de la complexité. Je crois d'abord qu'analytiquement, il est important de distinguer la complexité de la multiplicité.

Michel Crozier l'a bien dit, on est dans une société plurielle, qui va vers de plus en plus d'échanges. Il y a donc de la multiplicité. Je crois que le problème n'est pas tant la multiplicité parce qu'on arrive parfois à la coordonner et donc ce n'est pas nécessairement là que se situe la difficulté. Il y a des instruments et des techniques. La complexité, c'est justement quand le monde n'est pas organisé. Ce n'est pas quand il n'y a pas d'organisation c'est quand il n'y a pas d'organisation du tout. Le problème est justement celui de la connaissance. Je serai peut-être un peu moins sévère que lui, pas nécessairement sur les princes, mais sur les gens qui nous gouvernent aujourd'hui.

Ne faisons pas là de débat inutile, parce que quand on regarde les problèmes publics qui se posent à nous aujourd'hui, ces problèmes publics ont changé visiblement de nature. Et je ne crois pas que cela soit nécessairement des problèmes de mode de raisonnement, c'est un problème de raisonnement. On raisonne souvent aujourd'hui beaucoup mieux que par le passé sur les problèmes publics et cela a des conséquences sur l'action. Comment agir aujourd'hui ? Si l'on regarde certains types de problèmes sur lesquels Crozier travaille ou moi-même, on s'aperçoit surtout que l'on a tellement bien raisonné sur les

problèmes, qu'après on ne sait plus quoi faire et qu'on reste très largement dans l'incertitude. Quand on construit une autoroute aujourd'hui, on ne sait plus du tout ce que cela va devenir, et à quoi on va aboutir. Un des gros problèmes du Commissariat au Plan, c'est qu'avant on se disait : " on va désenclaver ceci, on va désenclaver cela ", etc., mais aujourd'hui tout est devenu immaîtrisable, d'une certaine manière. Ceci en raison d'un certain nombre de problèmes publics sur lesquels on sait bien qu'il y a des interdépendances, des effets liés et des impacts. Avant on ne le pensait pas. Maintenant on le pense, on raisonne bien sur les problèmes, mais on raisonne tellement bien que l'on finit par avoir peur des conséquences de cette gestion des problèmes. Le résultat c'est qu'on est pris dans une espèce de paradoxe, et que mieux on raisonne sur les problèmes, moins on agit. Et on est aujourd'hui dans un système où, effectivement, l'on voit que d'une certaine façon on avance à petits pas. Mieux on raisonne plus on avance à petits pas, comme si l'on avait peur de porter une trop grosse tête. C'est une question que j'aimerais bien poser à Michel Crozier.
Il a montré dans un livre qui s'appelle *État moderne état modeste* qu'il faut avoir l'intelligence des situations. Je crois que c'est une des choses primordiales, il faut investir dans la connaissance des systèmes d'action. Mais que mettre en œuvre ? On a l'impression que cet espèce de centre mou dont on parle aujourd'hui est non pas une éthique supérieure de la responsabilité mais ça devient le degré zéro du discours politique. Michel Crozier nous dit que l'enfer est pavé de bonnes intentions et qu'il faut faire attention. Ce n'est pas tout d'avoir de grands projets, il faut savoir les mettre en œuvre. C'est un problème intéressant, important et central. Mais je dirai, en revenant sur la vieille position wébérienne, éthique de responsabilité-éthique de conviction, ce qui me paraît parfois un peu gênant, c'est qu'on finit par être responsable de ne plus avoir de conviction. J'aurais envie de poser la question autrement : est-ce qu'on n'est pas plus responsable quand on a des convictions ? Ce n'est certainement pas au sociologue d'avancer des projets de sociétés, mais la question que j'aurais envie de poser à Michel Crozier c'est que, compte tenu de ce que nous savons, de la difficulté à mettre en œuvre un certain nombre de mesures, est-ce qu'il n'y a pas une manière de penser les intentions de telle façon qu'elles ne finissent pas par peupler l'enfer ?

Michel Crozier. — C'est fondamental. J'ai du mal à le démontrer, sauf expérimentalement. Dans certains cas le fait de connaître n'aboutit pas nécessairement à ne plus avoir la capacité de faire quelque chose. Au contraire, j'ai pu expérimenter à plusieurs reprises l'extraordinaire effervescence que l'on peut provoquer en apportant une connaissance différente. À partir de cette connaissance, des opportunités nouvelles apparaissent. Au sommet, les problèmes s'étouffent graduellement et apporter plus de connaissances à un sommet déjà embarrassé par trop de connaissances, par le tourbillon de toutes les pressions et de toutes les sollicitations peut aboutir à obscurcir les choses. Cela change déjà si vous apportez un autre type de connaissance : la connaissance des réalités relationnelles et comportementales. Vous pouvez générer des demandes nouvelles et, symétriquement, des offres nouvelles. Le problème le plus difficile c'est de générer des offres. À propos de l'éducation, le problème est essentiellement que l'éducation est faite par des enseignants. Elle a lieu pour des élèves dont les familles ont des demandes confuses et contradictoires. Bien entendu ce sont les enseignants qui ont la charge de l'ensemble. On ne réformera pas l'éducation contre les enseignants. L'enjeu est de faire percevoir aux enseignants les problèmes qu'ils n'aperçoivent pas nécessairement, sinon de façon fragmentaire et professionnelle. Il s'agit donc de passer une barrière pour que ce soit les enseignants qui fassent une offre de changement. Tant qu'on n'aura pas réussi à créer une situation dans laquelle les enseignants voudront changer, on ne changera pas. La connaissance est un moyen de refaire le circuit, de rétablir le circuit entre une base et un sommet et cela ne peut se faire que lorsqu'on a une idée disons judéo-chrétienne, c'est-à-dire que l'on respecte l'individu, que les gens ont non-seulement des bras, des jambes, mais aussi un cœur et surtout une tête. C'est-à-dire qu'ils sont capables de raisonner, de savoir, non pas ce qu'ils veulent de façon précise, mais capables d'apprendre et de faire autre chose que ce qu'ils font. Si on a ça bien ancré en tête, on est capable d'utiliser la connaissance pour leur offrir des possibilités. À leur tour de générer quelque chose. À partir du moment où l'offre vient de la base, vous pouvez avoir un mouvement. Je crois que l'on peut faire énormément mieux que ce que l'on fait maintenant. Il ne s'agit pas d'une connaissance ésotérique que l'on apporte au sommet, c'est une connaissance de la réalité des phénomènes dont on est responsable. Je me permettrai d'ajouter encore quelque chose : à la S.N.C.F., tout le monde croyait que nous étions bloqués du fait des circonstances politiques ; j'ai été très impressionné de voir la transformation qui s'est produite dans l'état-major de la traction et du transport directement concernés par les problèmes que nous avions étudiés. Le déblocage s'est fait par la connaissance et par la base.

Marie-José Bataille. — Les *psy* ont souvent été sollicités depuis la tribune et ils n'ont pas tellement parlé. Aussi parlerai-je en mon nom personnel sans engager personne d'autre car il eût fallu peut-être que des psychosociologues participent à des débats. Nous, *psy* de première ligne si j'ose dire, sommes davantage en relation avec des individus ou avec cette collection d'individus très particulière qui répond à une structure, à un fonctionnement extrêmement précis qu'est la famille. J'ai été très heureuse d'entendre Monsieur Crozier prononcer hier les mots hiérarchie, secret, distance. On sait, je crois, que ce sont des mots qui figurent dans le fonctionnement des sociétés traditionnelles et qu'ils ont à voir avec le religieux et le sacré. Mais ce que l'on dit peut-être moins, c'est que des travaux récents, en particulier au niveau des thérapies familiales et des thérapies systémiques, ont insisté sur la nécessité de réintroduire ces trois éléments fondamentaux dans les familles où cela ne va pas, où il y a des enfants psychotiques, anorexiques ou gravement perturbés. J'ai également été très heureuse de vous entendre parler de structure sociale, mais vous avez sans doute éludé les structures familiales et vous nous avez parlé de systèmes de stratégies et de systèmes humains. Je crois que vous ouvrez là une perspective qui est très intéressante. Vous nous avez dit aussi de façon sous-entendue qu'il n'y avait pas d'égalité. C'est vrai qu'il n'y a pas d'égalité, ni à la naissance, ni d'égalité des chances, il y a au contraire à se débrouiller dans une jungle extrêmement perverse. Je voudrais revenir un instant sur cette proclamation que vous avez faite que certains de nos confrères américains n'entendent pas parler d'Œdipe. Je vous dirai une chose : je n'en entends pas parler souvent non plus. Premièrement, parce que cela fait partie justement de ce " *common knowledge* ", c'est-à-dire de ce supposé connu dont on ne parle plus, dont on n'ose plus parler ou alors le psychanalyste est embusqué comme le chasseur derrière son divan. Il tire un grand coup de pétard quand on commence à parler d'Œdipe et, bien sûr, l'Œdipe s'enfuit. De même que la notion de narcissisme. On vous dit : " je ne suis pas narcissique ", parce que tout le monde sait que c'est un péché d'être narcissique, alors que certains osent encore dire que c'est peut-être une nécessité fondamentale et première. Enfin, je lance un coup de chapeau à ce sujet aux paléontologues et à ceux qui nous ont fait en un raccourci saisissant de 48 heures parcourir quelques milliards d'années, car je crois que l'homme n'abandonne et ne renie jamais rien de son passé et de son histoire.

INTERVENANTS ET DISCUTANTS

Georges BALANDIER	Anthropologue, Sociologue, Professeur à la Sorbonne, Directeur d'études à l'I.H.E.S.S.
Claude BENSCH	Physiologiste, Professeur à l'Université de BORDEAUX II, Ancien Président de la Société Internationale d'Écologie Humaine
Philippe BRENOT	Psychiatre, Anthropologue, Chargé de Cours à l'Université de BORDEAUX I, Président de la Société Internationale d'Écologie Humaine
Rémy CHAUVIN	Biologiste, Professeur émérite à la Sorbonne
Yves COPPENS	Paléo-anthropologue, Membre de l'Institut, Professeur au Collège de France
Michel CROZIER	Sociologue, Institut d'Études Politiques de PARIS, Directeur de recherche au CNRS, Président du Centre de Sociologie des Organisations
André DEBENATH	Préhistorien, Directeur de Recherche au CNRS
René DI ROBERTO	Économiste, agrégé de Sciences Sociales, Professeur à l'Université de BORDEAUX II

Patrice DURAN	Sociologue, Spécialiste d'analyse des politiques publiques, Centre de Sociologie Politique de l'Université de BORDEAUX II
Françoise EFEL	Psychologue, Écrivain
José FEDER S.J.	Théologien bibliste
Jean-Gabriel GAUTHIER	Ethnologue, Directeur de recherche au CNRS
Michel LAMY	Biologiste, Professeur d'Université, Vice-Président de l'Université de BORDEAUX I
Paul MARTINO	Psychiatre, Analyste, Membre du IVe groupe, Chargé de cours à l'Université de BORDEAUX II en Ethnopsychiatrie
Robert MARTY	Écogénéticien-Cytopathologiste, Professeur d'Écologie Fondamentale à l'Université de BORDEAUX I, Directeur du Certificat International d'Écologie Humaine à BORDEAUX
Edgar MORIN	Anthropo-Sociologue, Directeur de Recherche au CNRS, Co-directeur du Centre d'Études Transdisciplinaires Sociologie Anthropologie Politique
Lucette MOULINE	Écrivain, Professeur à l'Université de BORDEAUX III, Présidente du Théâtre INCARNAT
Claude RAYNAUT	Ethnologue, Chargé de Recherche au CNRS
Jean-Louis SEURIN	Politiste, Professeur à l'Université de BORDEAUX I
Michel SUFFRAN	Écrivain-Médecin, auteur de nombreux ouvrages, critiques, historiques et littéraires
Charles SUSANNE	Anthropologue et généticien humain, Professeur à l'Université libre de Bruxelles, Directeur du C.I.E.H. à la Vrije Universiteit Brussel
Jean-Michel VALENÇON	Médecin Psychiatre, écrivain
Bernard VANDERMEERSCH	Paléo-anthropologue, Professeur à l'Université de BORDEAUX I, Directeur du laboratoire E.P.H.E. " Anthropologie des hommes fossiles ".

TABLE DES MATIÈRES

Sociétés 5

Présentation du thème 7
par Philippe BRENOT

1. Le Concept de Société 13
par Edgar MORIN

Discussion 29

2. Sociétés Animales 39
par Rémy CHAUVIN

Discussion 58

3. Sociétés Pré-humaines 81
par Yves COPPENS

Discussion 98

4. Sociétés traditionnelles 117
par Georges BALANDIER

Discussion 133

5. Sociétés Modernes et post-modernes 149
par Michel CROZIER

Discussion 165

Intervenants et discutants 187

www.ingramcontent.com/pod-product-compliance
Lightning Source LLC
LaVergne TN
LVHW010932051026
849532LV00003B/961
* 9 7 8 2 7 3 8 4 0 7 3 1 3 *